測量実習指導書
2007年版

土 木 学 会

測量実習指導書・2007年版刊行にあたって

　土木学会の測量実習指導書は、昭和45年3月に初版を発行して以来、昭和55年3月と昭和59年3月の2度にわたる大幅な改訂作業を経て現在に至っている。その間、工業高校や大学の実習教材あるいは測量技術者の指針として広く活用され、測量教育に多大な貢献をしてきた。

　その間、コンピュータに代表される電子技術のめざましい発展に支えられて測量機器そのものが大幅に変化してきたこと、GPSやGIS、トータルステーション、電子基準点、VLBIといった新しい概念や手法が導入・実用化されたことにより、測量現場の実態が大きく変化してきた。その結果、測量教育の現場にあっても、シラバスの内容が徐々に変化してきた。

　こうした実情の下、筆者らは測量教育に携わる教員の声や実際に運用されている多くのシラバスを収集・分析し、実習指導書として改善すべき点やその内容、削除すべき内容や追加すべき新しい事項等について検討してきた。その結果、旧版の内容をできるだけ残した形で、以下の点を中心とした改訂を行い、2007年版測量実習指導書として作成した。

① 昭和55年度版以来、改訂の度にページ数が徐々に多くなっていった内容をできる限り圧縮して初版の状態に戻す。
② 初版以来、本書の特徴でもあった流れ図を使った内容の表記方法について、時代の変化と教育現場の声を考慮して全面的に変更する。その結果、1章の流れ図の書き方については全面的に削除した。
③ 各章の最初に実習の要点をまとめて記述し、実習の内容を理解し易くする。
④ 前回の改訂時にも議論の対象となった三角測量の章を削除して、新たに基準点測量の章を設ける。
⑤ 製図の章は実習指導書というよりは教科書で習得すべき内容として割愛することとし、内容の一部を1章に含めて記述する。
⑥ 地形測量（等高線の利用、地図の読み方）については必要であるとの意見も多くあったが、実習指導書という点から記述を割愛する。
⑦ 内業のための練習問題として収録してきた応用事例についても、教育現場の実情を考慮して新しい内容とする。

　本書の利用者には、今回の改訂の趣旨を理解され、先の指導書に増して広く、有効に活用されることを望むものである。

　平成19年3月1日

　　　　　　　　　　　　　　　土木学会出版委員会測量実習指導書編集小委員会
　　　　　　　　　　　　　　　　　　委員長　大　林　成　行

測量実習指導書編集小委員会委員構成

(50音順・敬称略)

委員長	大 林 成 行	東京理科大学名誉教授	
委　員	大 木 正 喜	木更津工業高等専門学校	
〃	大 杉 和 由	兵庫県立兵庫工業高等学校	
〃	尾 崎 嘉 彦	京都市立伏見工業高等学校	
〃	小 松 泰 山	千葉県立市川工業高等学校	
〃	清 水 昭 弘	東京都立小石川工業高等学校 (2006年11月退任)	
〃	都 野 成 一	栃木県立真岡工業高等学校	

測量実習指導書［2007年版］

目　　次

第1章　測量実習にあたっての一般的注意 …………………………………… 1
　1.1　測量実習の手順 ………………………………………………………… 1
　1.2　器械・器具の取扱い …………………………………………………… 15
　1.3　観測の誤差 ……………………………………………………………… 17
　1.4　安全作業の心得 ………………………………………………………… 19

第2章　距離測量 ………………………………………………………………… 23
　2.1　前提条件 ………………………………………………………………… 23
　2.2　歩幅による測定 ………………………………………………………… 24
　2.3　繊維製巻尺による距離測量 …………………………………………… 24
　2.4　鋼巻尺による距離測量 ………………………………………………… 29
　2.5　その他の機器による距離測量 ………………………………………… 32

第3章　角測量 …………………………………………………………………… 35
　3.1　前提条件 ………………………………………………………………… 35
　3.2　セオドライトのすえつけ ……………………………………………… 36
　3.3　単測法による水平角の測定 …………………………………………… 38
　3.4　方向法による水平角の測定 …………………………………………… 43
　3.5　鉛直角の測定 …………………………………………………………… 46
　3.6　路線測量（円曲線設置） ……………………………………………… 49
　3.7　工事測量（丁張りのかけかた） ……………………………………… 52

第4章　トラバース測量 ………………………………………………………… 55
　4.1　前提条件 ………………………………………………………………… 55
　4.2　トラバース測量の外業 ………………………………………………… 56
　4.3　トラバース測量の内業 ………………………………………………… 59

目　　次

第5章　水準測量 …………………………………………………………… 69
　5．1　前提条件 ………………………………………………………… 69
　5．2　水準測量に用いられる器械・器具の種類 ………………………… 69
　5．3　基本的な水準測量の方法 ………………………………………… 72
　5．4　応用的な水準測量 ………………………………………………… 74
　5．5　水準測量の実習事例 ……………………………………………… 79

第6章　平板測量 …………………………………………………………… 85
　6．1　前提条件 ………………………………………………………… 85
　6．2　器械・器具について ……………………………………………… 86
　6．3　平板測量の一般的な手順 ………………………………………… 89
　6．4　測点の増設 ………………………………………………………… 91
　6．5　平板による細部測量 ……………………………………………… 93

第7章　基準点測量 ………………………………………………………… 95
　7．1　ＧＰＳ測量をはじめるために …………………………………… 95
　7．2　ＧＰＳ測量における観測計画 …………………………………… 100
　7．3　スタティック測位における基準点測量（観測）………………… 103
　7．4　スタティック測位における基準点測量（解析）………………… 105
　7．5　ＲＴＫ－ＧＰＳを用いた応用測量 ……………………………… 107

関連技術　ＧＩＳ（地理情報システム）について ……………………………… 111

第1章　測量実習にあたっての一般的注意

●学習のポイント

> 第1章では測量実習に際しての一般的事項として以下の点についての知識を習得する。
> ① 測量実習の基本的な手順を十分理解し、安全で効率的な測量作業をおこなう。
> ② 測量機器の正しい取り扱い方法を身に付ける。
> ③ 測量における誤差についての基本的事項を理解する。
> ④ 安全作業の基礎知識を身に付ける。
> ⑤ 測量の最終工程にあたる製図の基礎知識を身につける。

1．1　測量実習の手順

1．1．1　事前の準備

測量作業に際しては、いくつかの約束事がある。それらの内容を十分に把握しておくことが必要である。

1. 計　画

(1) 内容の把握　与えられた測量作業の内容を十分理解し、準備を整える。
(2) 計画図の作成　既存の地図があれば、測量範囲を記入し測量作業計画を立てる。
(3) 器具の選定　要求される精度にあった測量器具と測量方法を決定する。
(4) 作業工程表の作成　定められた期間内に作業が終了するように作業工程を決める。
(5) 員数表の作成　使用する器械・器材の員数表を作成する。

2. 準　備

(1) 測量作業に適した服装をする。
(2) 必要な器械・器具の員数および性能、バッテリー容量などの点検を行い、現地で不具合が生じないように注意する。

(3) 気象、交通、環境についての情報を集める。

1.1.2 外業
1. 踏査
　あらかじめ準備された計画図に基づいて現地踏査を行い、測量の目的にかなった選点を行う。
2. 選点
(1) 測点間相互の見通しが良いこと。
(2) 測点を示す杭などが、測量期間中安全に保存されること。
(3) 観測中、交通の障害にならない場所を選ぶこと。
(4) 継続作業が便利に利用できる点であること。
(5) 測量結果の調整計算が合理的に行われるよう配慮すること
（一般に、辺長に著しい長短がないようにする）。
3. 造標
(1) 測点の位置が確定した後、杭など設けることを造標という。杭は歩行者などへの危険や移動したりすることのないように十分地中に打込む。
(2) 杭には、必要な事項（番号、班別など）を書き、頭部には赤ペンキなどを塗るとよい。
(3) 杭の位置は、野帳またはノートに引照点図（見取り図）として記録しておく。
4. 観測
(1) 使用前に、器械の点検・調整を行う。
(2) 実際の観測に先立って、観測作業の練習を十分に行う。
(3) 器械のすえつけには、次の点について注意する。
　① 観測者が、無理な姿勢で観測することのないよう適当な高さにする。
　② 三脚は、十分地中に踏み込む。
　③ 三脚の取付けねじは、十分に締め付ける。
　④ 求心および整準作業は確実に行う。
(4) すえつけ作業が、いかに正確かつ迅速に行うことができるかによって測量技術の熟練の程度を判断される。繰り返し練習することが必要である。

(5) 野帳に記帳するときの注意事項
　① 一定の約束に従って記帳する。後で点検するにも、また他の人が利用する場合にも役立つ。
　② 観測者の読みは必ず復唱して記帳する。
　③ 記帳の結果の訂正は斜線を入れて行い、消しゴムなどで消さない。

1.1.3　内　業
(1) 計算のためのデータを野帳から転記するとき、誤記のないよう注意する。
(2) 計算は計算用紙に整理し、チェックに便利なようにする。
(3) 計算の結果、許容値より大きな誤差を生じた場合はただちに再測はせず、先ず計算のチェックを行う。すなわち、野帳からの誤記、計算のミスなどについて丹念に調べた後に実施する。
(4) 計算のチェックは人を変えて行うのがよい。
(5) 計算のチェックを行い、誤差が許容値より大きい場合、その原因を十分検討し、再測における外業の計画を決定する。

1.1.4　製　図
　一般に、測量での製図は平板測量の成果を整理して原図を完成させる時に用いられてきた。1枚の平面上に様々な地物や事象を縮尺に応じて正確に表現、伝達することのできる表記法として古くから多くの工夫と約束事が行われてきた。第6章で記述するように、最近の測量技術の変化によって、平板測量そのものがあまり行われなくなったことから製図に対する関心度も低くなってきた傾向がある。しかし、製図に関する知識の重要性は変わるものではなく、基本的な内容について習得しておくことは多くの面で役立つ。以下に、平板測量の成果を整理する場合を想定した製図の基本的事項について整理する。

1. 製図の種類
(1) 正描（せいびょう）
　測量した図面を規定された図式記号の大きさで、鉛筆を用いて測量原図を作ることを言う。鉛筆製図とも言う。

(2) インキング
　鉛筆で仕上げた原図の上に墨入れすることを言う。製図用丸ペン、烏口、スプリングコンパス等が用いられていたが、最近の製図では、製図用の紙の質や複写技術の向上でインキングはほとんど行われなくなった。
(3) トレース
　完成した原図をトレーシングペーパーなどの透明な用紙上にトレースすることを言う。インキングと同様に、用紙の質や複写技術の向上でトレースはほとんど行われなくなった。

2. 製図に用いられる機器

(1) 製図用鉛筆
　製図に用いられる鉛筆は粒子が細かく、硬度が２Ｈから４Ｈの固さのものが一般に利用される。硬度の選択は技術者個々の好みに任されてきたが、一般には、湿度の高い日には軟らかいもの、反対に湿度の低い日には硬めの硬度が使われてきた。また、鉛筆の削り方も製図の場合には正確で美しい成果品を作るために大切な知識の１つである。芯は約１ｃｍ程度の長さにして正しく円錐形になるように削る。

(2) 定規
　測量製図で用いられる定規には直線定規、三角定規、スケール（ミリ尺）、曲線定規、雲形定規、ガラス棒、宇高割、型板、等が記述する内容によって選択して用いられてきたが、最近ではあまり見られなくなってきた。

(3) 消しゴム
　軟か消しダムは棒状のものをホルダーにいれたもの、砂消しゴムは鉛筆式になったものを使ってきた。細い線分や細かい文字等を消す場合には字消し板を用いて余分な画線を抹消しないようにする。測量製図には消しゴムと同時に字消し板は必需品の１つである。

3. 測量図

　平板測量や写真測量（本書では割愛している）など直接測量を行うことにより作成した地図のことで実測図とも言う。前者では縮尺1／100や1／200の実測した図面、後者では、縮尺1／2500、1／5000の国土基本図や縮尺1／25000の地形図などである。

測量図は、一般に、図上で長さをスケール（三角スケールなど）を用いて直接測って利用する場合が多いので、図面上にできるだけ正確に地形や地物を記入しなければならない。また、使用する図面には伸縮の少ない図紙を使用するなどの注意が必要である。製図はそのために大切な表記法であり、正確な意志伝達のために多くの約束事がある。

　さらに、図面の大きさと表記する内容の量によって、測量結果を図化する場合には、縮尺（大縮尺は1／5000以上、中縮尺は1／10000～1／100000、小縮尺は1／150000以下）によって地形や地物を表現する記号が異なる場合があるので注意が必要である。

4. コンピュータによる製図

　従来、長い年月にわたって、地図の作成は手作業によって行われてきた。しかし、近年では、測量機器の改善による測量方法の変化や測量精度に対するニーズの高度化と多様化が進展し、地図の作成も手作業から機械を用いた自動化の方向に変化してきた。現代社会を支える高度情報化社会のニーズに応じて正確かつリアルタイムな情報としての地図が要求されるようになってきたことも変化を促進している大きな原因の1つである。具体的には、地図上の様々な情報をコンピュータ内で一括管理し、その中から必要なものだけを抜き出して、あるいは他の必要な情報をコンピュータの中で重ね合せて利用目的に合せた地図を作成する方法が用いられるようになってきた。この方法を一般にコンピュータマッピングと言っている。コンピュータマッピングも当初は、既成の地図をスキャニングしていたために精度の面で問題があったが、情報機器の著しい発展によって数値図化機を用いて直接にステレオ航空写真を数値化して地図を作成する方法が採用されるようになってきた。この方法を特にディジタルマッピングと言っている。現在では、ディジタルマッピングが地図作製の主流になっている。

　ディジタルマッピングの利点としては以下の3点が挙げられる。
(1)　極めて精度の高い位置情報が得られる。
(2)　図面の修正が容易で早くできる。
(3)　3次元の座標データが保存できる。

5. 実 習
(1) 課 題

　図-1.1(a)に完成された成果図を示す。図-1.1(b)は図-1.1(a)の素図である。同じ内容で、地物、地形の形、位置だけを示したものである。図-1.1(a)と表-1.1～表-1.2を参照しながら図-1.1(b)をトレースして図を完成させる。

(2) 製図の順序

　製図の順序は、一般に以下に列挙する順番で行う。

　A）図郭線

　直線定規を用いて正確に描く。内容を製図してから描くと図郭と画線の間に隙間ができる。寸法の誤差は規定寸法に対して±０.２ｍｍ以内、図郭の形が正方形や長方形の場合には２本の対角線の差が０.２ｍｍ以内とする。線の太さは表-1.1を参照する。

　B）文字（注記）

　地図上で記号で表すことのできないものを文字で説明したものを注記と言う。文字と記号は他の全ての画線に優先するので最初に描く。文字と記号の周囲には必ず0.2mmの余白部をあけて他の画線と区別できるようにする（図-1.2参照）。

　正確で美しい図面を作成するために、漢字や数字の表記については大きさ、傾き、字隔（文字間隔）、書体、字大、描き方、等についても細かい規則があるがここでは省略する。

図-1.2 注記の例

　C）記号

　基準点の記号、建物記号（建物の種類を示す記号）、特別な土地または水面の種類を示す記号（現地記号）等がある。これらの記号は全て他の画線との間に0.2mmあける。また、全て図隔下辺に直立するように描く。記号の大きさや線の太さは表-1.1と表-1.2による。

1.1 測量実習の手順

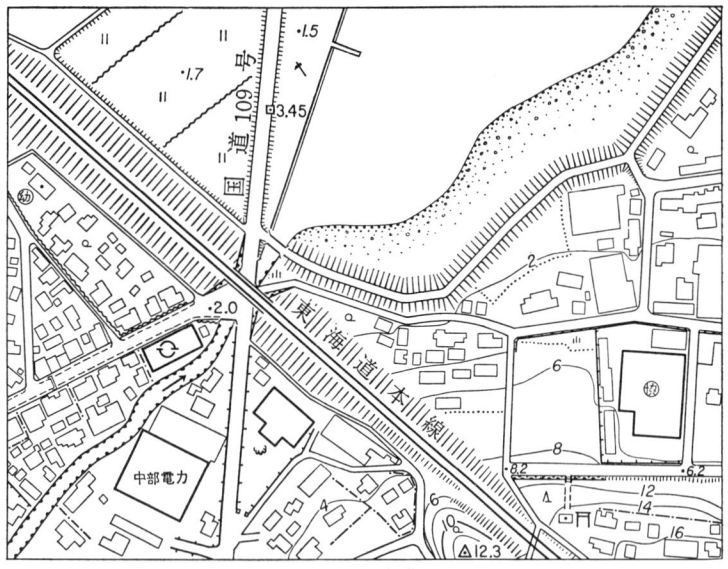

図-1.1(a) 完成図

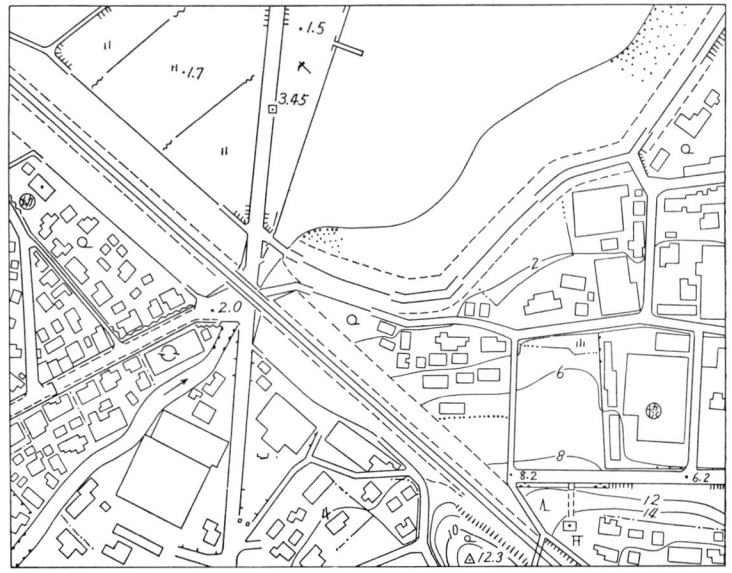

図-1.1(b) 素図

(a) 基準点の記号

三角点、水準点、標高点、図化測定点などを示す記号である。記号の中心が基準点の位置と一致するようにする。製図上の都合で地図上の建物、地形の位置を移動させる場合でも、この記号は絶対に移動させてはならない。基準点の標高数字は原則として記号の右側に水平に書く（**図-1.3**参照）。

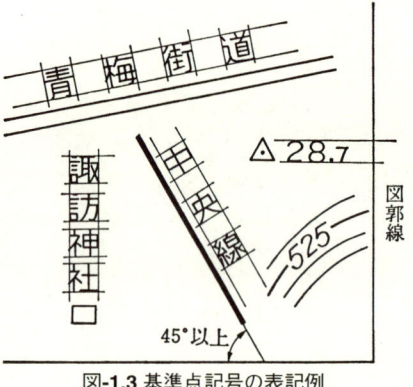

図-1.3 基準点記号の表記例

(b) 建物記号

神社、学校、幼稚園、町役場などの記号である。建物の種類、機能を示すには原則として注記でよいが、市街地などで注記のために他の線が消される場合には記号で表す。記号と注記は併用しない。

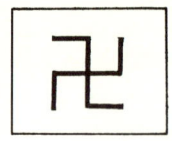 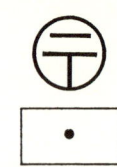

図-1.4 建物記号の表記例

記号は建物の内部に示すことができる時は建物の内部に、建物の内部に記号が入らない場合には、建物の中央に直径0.3mmの円点（指示点とも言う）を描き、建物の上方右側、左側、下方の順に示す（図-1.4参照）。

(c) 特殊な土地または水面の種類を示す記号（現地記号）

材料置き場、火山の噴火口、温泉、鉱泉などの記号である。これらは区域の中央に記号で表す。

D) 骨格となる地物

(a) 鉄道

素図に描かれている線を中心として規定の太さで描く。

(b) 道路

道路には実際の道幅を地図の縮尺に縮めた道路（真幅道路）と一定の記号で示す道路（記号道路）がある。**図-1.1(a)**では真幅道路が示されている。素図（**図-1.1(b)**）では道幅の狭い道路や市街

地外の道路では重要な部分だけを示し、その間は中心線または片側だけを示している（**図-1.5**参照）。
（ｃ）河川、用水路、海岸線
　河川、用水路、海岸線で水と陸地との境の線（水涯線と言う）は光輝側は２号線、暗影側は４号線で表示する（**図-1.6**参照）。

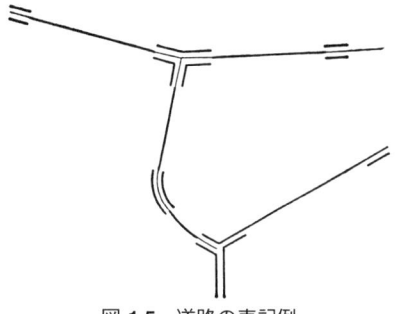

図-1.5　道路の表記例

　岸の線がコンクリートや石積などで保護されている場合には水涯線の代わりに被覆の記号を描いて示す。この場合（大きい斜面を示す）の記号では低い側の線が水涯線になり、（小さい斜面）の記号では半円の頭を連ねた線が水涯線になる。
　海岸または河岸の砂地は小さな円点を水際に接する部分は密に、離れるに従ってまばらに配置する。礫地の場合は砂地記号に小さな円を混ぜて表記する（**図-1.6** **図-1.7**参照）。

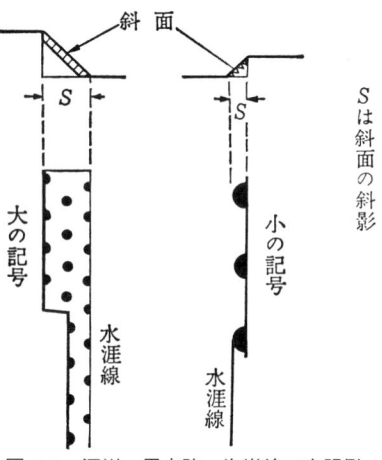

図-1.6　河川、用水路、海岸線の表記例

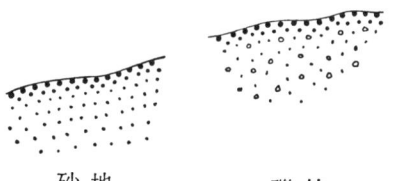

図-1.7　砂地と礫地の表記例

（注）光輝側と暗影側
　地図に立体感を与えるために、左上４５度の方向から光がくると仮定し、ある構築物に光が当たる側を光輝側と言って細く描き、光の当たらない側を暗影側と言って太く描く。これは建物にも適用される（**図-1.8**参照）。

（d）盛土法面と切土法面

　　盛土や切土の斜面を表す短線（ケバ）は斜面が水平面に投影した長さとする。ただし、この長さが0.5mm未満になった時は0.5mmまで拡大して描く。

　　課題の図では道路や鉄道の大きな盛土斜面の一部だけに記号を示し、中間は射影の長さを破線で示してあるので、この長さに合せて記号を描く。短いケバは両端に記号を示し中間は省略してあるので完成図を見ながら補描する。

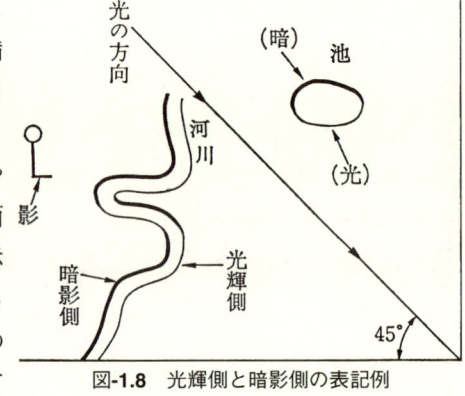

図-1.8　光輝側と暗影側の表記例

E）その他の平面図形

　　骨格地物のトレースが終わると、それによって区切られた範囲毎にその地物の記号を図式に従って落ちの無いように描画する。

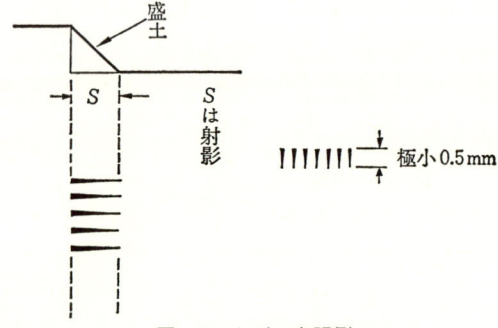

図-1.9　ケバの表記例

（a）塀、柵、門扉、等（構囲）

　　塀、柵と道路の縁が一致する場合はこれらの記号で道路の縁を表す（**図-1.10**参照）。

（b）建物

　　建物には1つ1つ表示する「個々の建物」、市街地等で建物が密集している場合、数軒をまとめて表す「総描建物」および鉄筋（鉄骨）コンクリート3階立て（3階相当）以上のものを表す

「堅牢建物」の3種類がある。また、総描建物の中の一軒一軒が区画できる時はその境を2号線で区画する。建物の一辺が道路の縁と一致する場合には建物の縁で道路を兼ねる（**図-1.10**参照）。

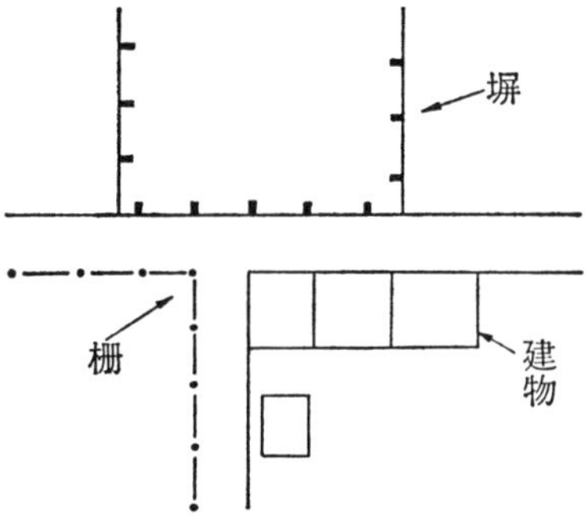

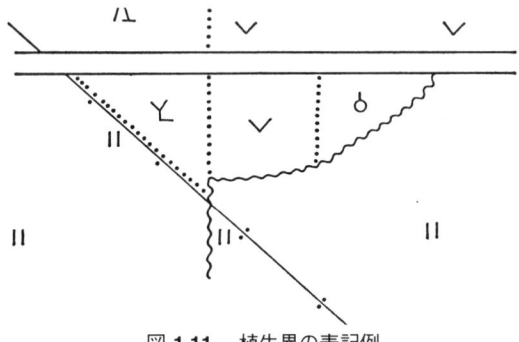

図-1.10 建物、塀、柵の表記例

（c）植生界および植生記号

植生界は植生の境を示す記号で、他の記号と一致する時は植生界の記号を省略する。しかし、送電線、行政界、等高線などの無形線の記号と一致する場合は０．２mmの間をあけて双方の記号を表示する。植生界は無形線である。（**図-1.11**参照）

図-1.11　植生界の表記例

（d）植生記号表示の方法

既耕地（田、畑、桑畑、茶畑、果樹園、植木畑、芝地、など）の記号はその区域内に一定の間隔で配置する。区域が狭くて所定の間隔に配置できない時は中央に記号1つだけを表示する。

未耕地（広葉樹林、針葉樹林、竹林、笹林、荒れ地、など）の記号は図上4×4cmの範囲に2～4個の割合で適当な間隔に記号を配置する。また、未耕地相互の間の植生界は表示しない。園庭の記号は庭園、邸宅、工場などの庭や周辺にある植え込みなどを表す記号である（**表-1.2**参照）

F）等高線（コンター）

等高線が道路、鉄道、河川、構囲、建物、被覆、盛土、切土、変形地などの他の記号と出会った場合には描かない。道路、河川、

第1章 測量実習にあたっての一般的注意

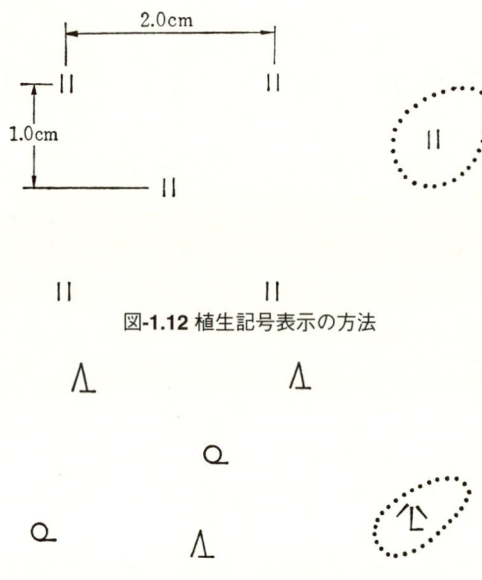

図-1.12 植生記号表示の方法

図-1.13 既耕地の表記例

建物、鉄道などの縁と一致、また電線、ロープウェイ、行政界、植生界と一致する場合は0.2mmの間をあけて両方を表示する。なお、等高線の間隔は縮尺によって変化する。(図-**1.15**参照)

(注) 有形線と無形線

有形線とはその存在を目でみることができる地物を表す線で、道路、鉄道、河川、被覆などを示す線である。無形線とは実際に見ることができない、等高線、行政界、植生界、道路・鉄道・河川の地下の部分などを示す線である。この他、送電線やロープウェイなども無形線である。

地図上で2つの画線が交わる場合として、①有形線と有形線、②有形線と無形線、③無形線と無形線の3つの場合が考えられる。この3つの場合、原則として、次の方法によっている。①の場合は実際の地上の状況を表現する（例：道路と河川、鉄道と道路など）、②の場合は有形線を優先し、無形線を中断する（例：変形地と等高線を中断する）、③の場合は両方を描く（例：行政界と等高線、植生界と等高線では両方を描く）。

G) 整 飾

整飾とは図隔の周囲に地図や図面を読む時に必要な事項、例えば、方位や縮尺、凡例などを示し、かつその体裁を整えることを言う。その具体的な事例としては1／25000の地形図を参考にすると良い。

1.1 測量実習の手順

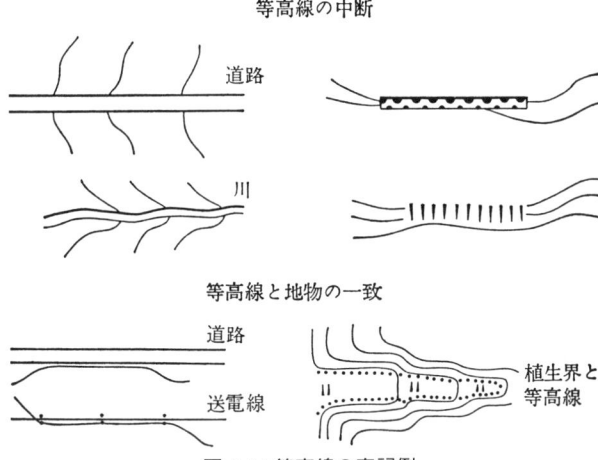

図-1.14 等高線の表記例

H) 点　検

製図作業が終わったら、提出する前に必ず点検を行い、書き落としたところや間違っている部分を見つけて訂正する。

記号の説明　　　　　　　　　　　　　　　　　　記号表上の指示

　　線の太さ　1号線　――――――――　0.05 mm　　1
　　　　　　　2号線　――――――――　0.10 mm　　2
　　　　　　　3号線　――――――――　0.15 mm　　3
　　　　　　　4号線　――――――――　0.20 mm　　4
　　　　　　　5号線　――――――――　0.25 mm　　5
　　　　　　　6号線　――――――――　0.30 mm　　6

(1) 区画線(図郭線) 4号線
(2) 注記字大表

表-1.1 製図で用いられる線分の太さや文字の大きさ

注 記		字大	書体	字形	字隔
東海道本線		3mm	等線体	直立	9.0mm
国道109号		3mm	〃	〃	4.0mm
中部電力		2.5mm	〃	〃	0.8mm
数字	基準点, 標高点の標高	2.0mm	等線体	〃	中心間隔 2.0mm
	図化測定点の標高 8.2 6.2 1.7 1.5	1.5mm	〃	傾斜	〃
	等高線標高	1.5mm	〃	〃	〃

第1章　測量実習にあたっての一般的注意

表-1.2 製図で用いられ各種の記号一覧表

名　称	記　号	線号	名　称	記　号	線号
三角点	0.3 △ 2.0	4	水準点	0.3 ■ 1.2	2
標高点	0.3 ●		神社	0.8 / 3.0 / 2.5 / 2.0	4
電々公社	2.4	4	幼稚園	幼 2.4	2
協同組合	協 2.4	2	材料置場	0.6 / 60° / 3.0 / 1.5	4
鉄　道 高架部	0.5 / 0.2	6	道　路 歩　道	1.0 0.5	3 2
園庭路	0.5 1.5	3	石　段 歩道橋	極小 0.5 / 極小 0.5	4 2
橋　永久橋 　　木　橋	0.6	6 4 2	盛　土 切　土	素図のこの線にそろえる	
盛土,切土の記号の間隔	S / l $l>2.0$ ならば $S=\dfrac{l}{3}$，$0.5<l<2.0$ ならば $S=\dfrac{l}{2}$ $l=0.5$ ならば $S=0.5$，l の極小 0.5				
河川,用水路 海岸線	暗影側 光輝側	4 2	図上 0.4mm 未満の河川 用　水　路	〜〜〜〜〜	2〜6 4
被　覆	1.0 / 2.0 (大) / 1.0 1.0 / 2.0 / 0.4 / 〜0.5 / 極小 0.5mm		射影 0.4mm 以下 水涯線 0.4 (小)		4 2
桟　橋 流水方向	5.0	4 6	砂　地	(砂) (礫)	
塀	3.0 0.2	4	柵	2.0 / 3.0	4
門	極小 1.0 / 極小 0.5	2	建　物		2
堅牢建物	□	6	植生界	0.8 0.2	
田	0.8 / 1.2	2	広葉樹林	○ 1.0	2
針葉樹林	2.0 / 1.0	2	荒　地	1.5 / 1.5	
園　庭	2.0	2 4	等高線	主曲線 ――― 4 ――― 計曲線 ――― 10 ――― 補助曲線 ― 0.5 ― 5 ― 1.0 ―	2 4 2

記号の大きさは実際の 2〜3 倍に描かれている．

1．2　器械・器具の取扱い

1. 測量機器の運搬

測量機器は精密機械である。その取り扱いに際しては十分な注意が必要である。

(1) 器械・器具を運搬するときの注意
  ① 測量器械は常に格納箱に納めて運搬する習慣を身に付ける。
  ② 振動・衝撃を与えないように運搬する。
  ③ 運搬時は、器械の鉛直軸を鉛直に保つようにする。
  ④ 自動車で運搬する場合は、格納箱をひざの上に抱くようにする。

2. 取付け

(1) 格納箱から器械・器具を取り出すときの注意
  ① 付属品その他、備品類を点検し、格納状態をよく記憶しておく（図-**1.15**）。

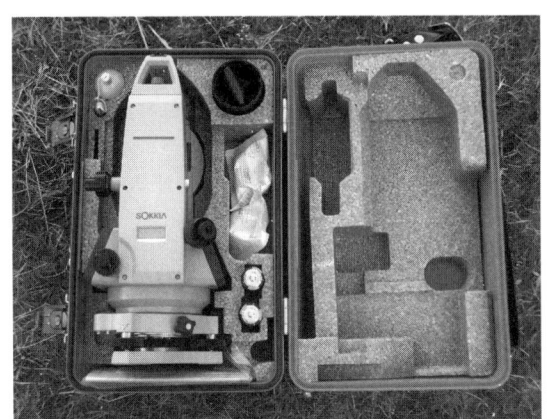

図-**1.15**

  ② 必ず両手で取り扱う。
  ③ 衝撃を与えないようにする。

(2) 器械を三脚に取り付けるときの注意。
  ① 完全に器械が固定されるまで支柱を持っている手を放してはいけない（落下事故の防止）。
  ② 三脚頭面に、ごみ、ほこり、土などを残さないよう、ふき払ってから取り付ける。

(3) 器械・器具を移動するときの注意。
  ① 格納箱に入れて運搬することが望ましいが、次測点が近くにある場合など器械を三脚に取り付けたまま移動する場合は、器械の頭部を前にして、両腕にかかえて運搬する（図-**1.16**、図-**1.17**）。

図-1.16 移動時の良い例　　　図-1.17 移動時の悪い例

  ② 締付ねじは器械がもし衝撃を受けても、各部が容易に移動できる程度に軽く締め付けておく。
  ③ 器械を三脚につけたまま移動する場合は、脚を静かに地面におろし、器械本体に衝撃を与えないようにする。
  ④ 衝撃止めのクランプが付属している器具（ティルティングレベル）は、必ずクランプを作動させてから移動する。
  ⑤ 遠距離を運搬する場合は、格納箱に完全に格納して運搬する。

3. 格　納
(1) 格納するときの注意
  ① きれいな乾いた布などで器械をよく拭く。
  ② 対物レンズにキャップをかぶせる。
  ③ 締め付ねじは軽く締める。
  ④ 整準ねじを中央に戻しておく。
  ⑤ レンズ表面に埃がついたときは、やわらかな布または羽毛で注意深く取り除く。

⑥ 付属品（フード、磁針、求心器、アイピース、調整器具など）がそろっているかを確かめる。
⑦ 格納箱の掛け金がよくかかっているかどうかを確認する（落下事故の防止）。

(2) 測量機器を保管するときの注意
① 可動部が堅くなったときには、アルコールとエーテルの混合液できれいにぬぐい、所定の油を適量に塗る。
② レンズに油が付着した場合は、柔らかな布にアルコールをつけ、レンズをきずつけないようにふきとる。
③ 湿気を受けないように格納箱に乾燥剤(シリカゲルなど)を入れる。
④ 格納箱の保管場所は湿気のない、温度変化の少ない場所を選ぶ。
⑤ 器械が湿気を受けたと思われる場合は、器械を陰干しする。
⑥ レンズの内部に水滴、ほこりなどがついた場合は、すぐメーカーに処理を依頼する。放っておくとかびが生じ、再研磨などの処理が必要となる。
⑦ さびの生ずるおそれのある器具(スチールテープなど)は油でよくふいておく。
⑧ 長期保管後は、使用前に必ず点検および調整を行う。

1．3 観測の誤差

どんなに熟練した技術者が観測しても、測量結果には誤差が生じる。誤差を許容範囲内に収めるためには誤差について熟知しておくことが必要である。誤差の種類と法則を知り、誤差の発生を小さくまたは少なくすることが大切である。

1. 誤差の種類

(1) 定誤差

定誤差とは測量時の状況によって生じる系統的な誤差で、観測された値に常にこの誤差が含まれると考えて良い。定誤差は観測方法や計算により消去が可能である。定誤差には次のような種類がある。

器械的誤差…器械の構造または製作上から生じる誤差。例えば、巻尺や標尺などの正しい長さに対する誤差など。

物理的誤差…気象的、理論的、光学的に生じる誤差。例えば、距離測量に用いるスチールテープが温度により伸縮するために生じる誤差など。

個人的誤差…観測者の癖などによって生じる誤差。例えば、目盛りを読定する場合、常に大きく（小さく）読む癖により正しい値に対する誤差など。

(2) 不定誤差

定誤差のようにある程度一定に生じる誤差でなく、偶然的または不規則的に現れる誤差で、常にバラバラな値となって現れる。また、精度の高い機械ほど、不定誤差の値は小さい。
観測者が最良の条件で測量をおこなえば、ある程度まで不定誤差を小さくすることはできるが、これを全くなくすることはできず、避けることのできない誤差である。

(3) 錯　誤

錯誤は過失誤差とも言われ、観測者の不注意または未熟により発生するもので誤差の対象外として扱われる。

2. 誤差の法則

誤差が生じる傾向として、経験上以下の3点が言われている。
① 小さい誤差は、大きい誤差よりも発生する回数は一般に多い。
② ＋（プラス）の誤差と－（マイナス）の誤差の発生する回数は、ほぼ同じである。
③ 極めて大きな誤差の発生する確率は低い。

3. 誤差を取り除く方法

3．1　定誤差を取り除く方法

(1) 器械的誤差の場合
　① 観測の方法によって取り除く方法の例
　　・トランシットなどの場合、正位と反位で観測した値を算術平均する。
　　・水準測量では、レベルを偶数回据え付けたり、視準距離を等しくする。
　② 定誤差を測定して取り除く方法の例
　　・使用器具など検定により得られた補正値を利用する。

(2) 物理的誤差の場合

気象的、理論的、物理的などに起因とする誤差は、計算により補正をおこなう。代表的なものに次のような補正がある。
① 温度による補正
② 気差・球差による補正
③ 傾斜に対する補正
④ 偏心に対する補正
⑤ 縮尺に対する補正

(3) 個人的誤差の場合
① 測定回数を増やし、総回数の算術平均を採用する。
② 観測者の位置を変えたり、複数の観測者により観測者の個人誤差を消去する。

3．2 錯誤（過失）の防止方法

観測者の不注意や未熟練により過誤が生じる場合がある。過失を防ぐためには次のようなことが大切である。
① 点検観測を実施する。
② 観測が終わったらすぐに検算を行い、点検確認をしてから器械を移動する。

1．4 安全作業の心得

1．測量作業の服装

作業で着用する服は、スタイルよりも作業の容易さ、安全性を第一に考えることは言うまでもない。自分の体にあった、いつも正しい服装を心がけることが大切である（**図-1.18**、**図1-19**）。
① 帽子…日射病予防のためにも必ず着用する。帽子の縁（つば）はなるべく小さいものを選び、測量作業の支障とならないものを選ぶ。
② 衣服…安全作業のために体に合った（袖口や裾はきっちりとしめられる）ものを着用する。上着は夏季でも長袖を着用するのがよい。
③ 手袋…観測以外の作業（伐開、造標作業など）に用いる。
④ 靴…安全靴が最適。（切り株、蛇などから身を守るために）
⑤ 安全チョッキ…一般道路など校外での測量作業で着用する。

第1章 測量実習にあたっての一般的注意

図-1.18 作業服、帽子、靴の着用例

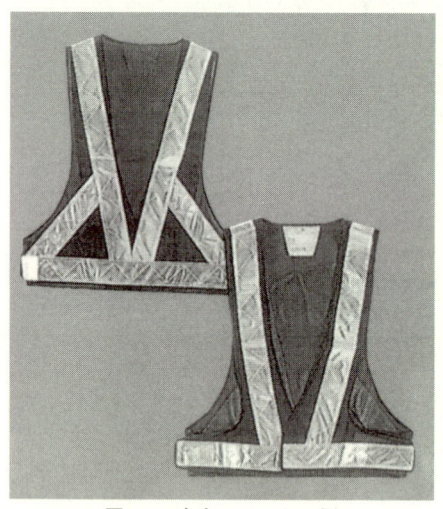

図-1.19 安全チョッキの例

2. 測量現場での注意

　測量作業は一般的に屋外でおこなわれる。学校内外を問わず様々な危険が測量現場に潜んでいることが多い。ここでは、動植物などに対する注意について説明する。

　有害な動植物類で一般的なものとして、ケムシ・ハチなどの毒虫、マムシなどの蛇、漆などの植物がある。特に注意を必要なものを次に示す。これらへの安全対策として先ず有効なのが正しい服装をし

-20-

1.4 安全作業の心得

て作業をすることである。
① 毒　虫
- チャドクガ、アメリカシロヒトリなどのケムシ…チャドクガは茶、ツバキ、サザンカなどに、アメリカシロヒトリは桜の木に発生するケムシである。いずれも毛が肌に触れるとかぶれを起こす。
- スズメバチ…オオスズメバチを初めとして多くの種類が生息し、猛毒を持つ。特に秋には巣の付近を通っただけでも攻撃してくることが多い。

② ヘ　ビ
- マムシ…日本各地に生息する代表的毒蛇である。琉球諸島には猛毒を持つハブが生息する。
- ヤマカカシ…日本各地で最も普通に見られる。毒を持つ。

③ 植　物
- 漆（ウルシ）…過敏症の人は木の下を通過だけでかぶれてしまう。

第2章　距離測量

●学習のポイント

> 第2章では、距離測量における以下の内容について学習する。
> ① 距離についての定義
> ② 距離測量における精度の定義
> ③ 距離測量における誤差の種類とその補正方法
> ④ 距離測量の方法

2.1　前提条件

(1) 距離とは2点間を測定した長さ（図-2.1）であり水平距離・斜距離・鉛直距離（高低差）と3種類に分けることができる。測量では、単に距離といえば水平距離を指す。一般に測定される距離は、斜距離の場合が多いので斜距離を水平距離に換算する必要がある。

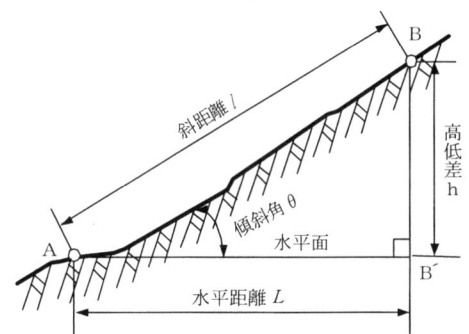

図-2.1 距離の種類

(2) 距離測量の精度とは、種々の観測値間の精粗を客観的に比較するときに用いられる。往復測定した場合は、その測定値の最確値と往と復の測定値の差（これを較差または出合差という）の比を分数で表わし分子を1として表示したものを精度とする。

(3) 鋼巻尺による距離測定の結果には、様々な定誤差が含まれている。1/10,000以上の精度で測定を行いたい場合には、これらの定誤差を除去するための条件を明確にし補正計算により測定結果の各種

誤差を消去する必要がある。
(4) ここでは、市街地のトラバース測量の精度1/5,000程度の距離測量を想定しての測定方法を基本実習とする。

2.2 歩幅による測定
1. 目標
　概略（精度1/100～1/200）の距離を知るうえで最も簡易な方法であり、自分自身の身体各部の長さ（例えば、親指と小指を広げたときの幅、一定の速度で歩くときの歩幅など）も知っていると便利である。
2. 使用器具
　① 繊維製巻尺
　② 掛矢
　③ 杭（2本）
3. 基本動作
　① 繊維製巻尺を20mのばす。
　② 巻尺の0m端と20mの位置に杭を打ち始点、終点とする。
　③ 0mより通常の歩幅で巻尺に沿って20m方向に向かって歩く。
　④ 20mを何歩で歩いたかを測定する。
　⑤ 何回か往復した後、一歩の歩幅を求める。

2.3 繊維製巻尺による距離測量
2.3.1 平たん地の距離測量
1. 目標
　繊維製巻尺を用いて精度1/1,000～1/3,000程度の平たん地の距離を測定する。
2. 使用器具
　① 繊維製巻尺（30m）
　② ポール（3本）
　③ 測量ピン（1組：10本）
　④ 杭（2本）
　⑤ 掛矢
　⑥ 野帳

⑦ 電卓
3. 基本動作
① 図-**2.2**のように測点A，Bにポールを立てる。

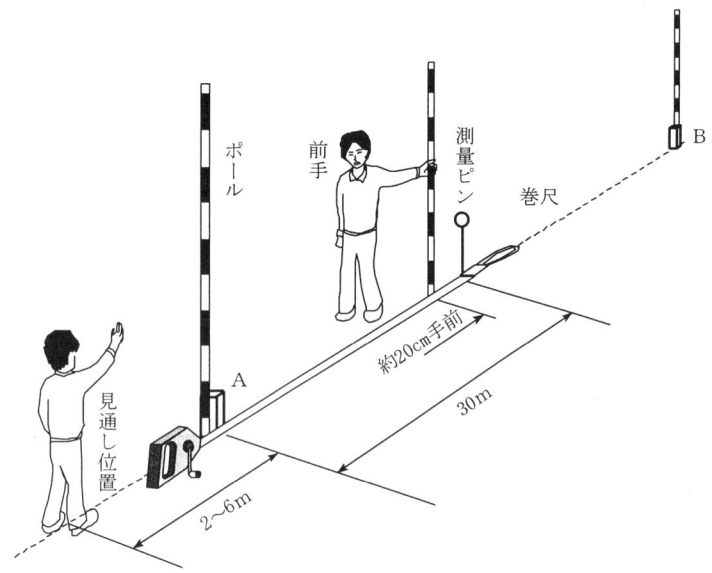

図-**2.2** ポールの立て方

② 前手はポール1本、測量ピン1組および繊維製巻尺の先端（零点）を持ち測点Aより測点Bの方向に前進し、歩測により繊維製巻尺の全長より約20cm手前に止まり、この位置にポールを立て見通し係の合図を待つ。

③ ②と同時進行で見通し係が測点Aの後方2～6mの位置に立つ。

④ 班長の合図により見通し係は測点Aと測点Bのポールを見通して、前手の立てたポールが見通し線中に入るように手で合図して正しくAB線上に入れる。

⑤ 前手のポールがAB線上に入ったら、ポールの先端を軽く地中に入れ印を付け、繊維製巻尺を測線上に伸ばし後手と共に所定の張力で引張り、繊維製巻尺の零点の示す位置に正確に測量ピンを立てる。

⑥ これでAB線上に測点Aから正しく繊維製巻尺の長さに等しい距離にある点が定められた。

⑦　この作業が終了すれば、前手と後手は繊維製巻尺の端をそれぞれ持ち一緒に前進し、後手が前記の測量ピンの位置に着た時、同時に止まる。

⑧　前記②から④の操作により前手のポールを見通し線中に入れ、⑤の要領で測量ピンを立てる。

⑨　⑧の作業が終了したら後手は測量ピンを抜き⑦の作業を繰り返す。

⑩　最後に端数が残るがこの時は、前手が測点Bに繊維製巻尺の零点を合わせて後手が端数を読む。

⑪　以上の操作を繰り返し、後手の集めた測量ピンの数（この測量ピンの数は、前手の持っている測量ピンの数と合わせると10本になることを確認すること）と繊維製巻尺の全長を掛けた値に端数を加えて求める距離とする。

⑫　以上、往測定終了後、復測定を行い、往復の測定値の平均を取る。この場合、個人誤差を取り除くため前手と後手は交替するようにする。

4. 留意事項

①　前手は、できるだけ見通し線上にポールが立つように努める。

②　あらかじめポールの移動、見通し完了等の合図を定めておくとよい。

③　見通し係は、両目で見通すこと。慣れないうちは片目で見通してもよい。

④　張力は10kg～15kgで繊維製巻尺が真直ぐになるように引張る。

⑤　目盛位置を地面に印す時には、前手、後手とも息を合わせ同時に目盛位置を読み取る。

⑥　記帳者は、読取者の読みを復唱して記帳する。

表-2.1 平坦地の距離測量

18年5月22日　火曜日　天候 曇　気温 15°C

測線	測　定　回				平均値	往復差	備　考
	回数	ピン数	最終距離	距　離			
A～B	往 L1	4	14.529	134.529	134.449	0.161	ピンとピンの間は 30 m
	復 L2	4	14.368	134.368			
B～C	往 L3	3	7.437	97.437	97.429	0.018	ピンとピンの間は 30 m
	復 L4	3	7.419	97.419			

5. 野帳の記入例
作業の進行に合わせ表-2.1のように野帳に記入し計算する。
2.3.2 傾斜地の距離測量
1. 目標
勾配が一様でない傾斜地の水平距離を測定する。
2. 使用器具
① 繊維製巻尺（30m）
② ポール（2本）
③ ドロップピン
④ 杭（2本）
⑥ 掛矢
⑦ 野帳
⑧ 電卓
3. 基本動作
(1) 降測法

図-2.3のように高い地点より、低い地点に階段状に水平距離を直接測定していく方法である。

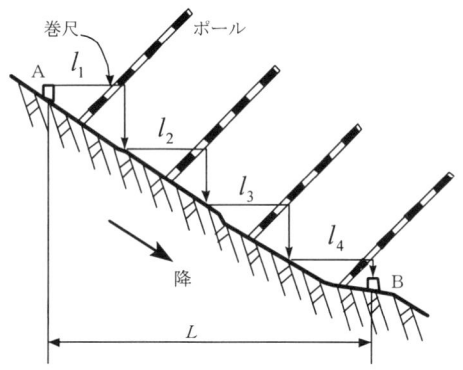

図-2.3 傾斜地の距離測量（降測法）

① 後手は、測点Aに繊維製巻尺の零点を合わせ前手は繊維製巻尺をポールにそえて水平に張り繊維製巻尺の読みを取る。
② その位置からドロップピンで鉛直に地面に落とす。
③ この地点を次の操作の原点として上記作業を繰り返す。
④ それぞれの水平距離を加えて求める水平距離とする。

第2章　距離測量

(2) 登測法

図-2.4のように降測法とは逆に測点ABの水平距離を階段状に低い地点より高い地点に向かって測定する方法である。

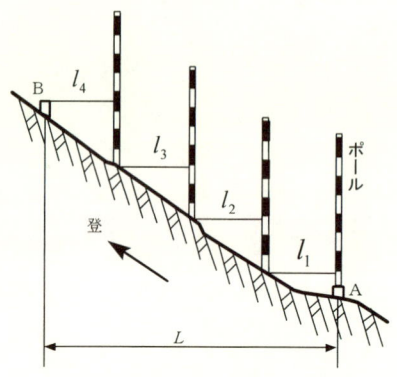

図-2.4 傾斜地の距離測量（登測法）

① 前手は、繊維製巻尺零点を地上に接触させ後手は、繊維製巻尺を水平に張り、測点Aに立てたポールを切る繊維製巻尺の読みを取る。
② この操作を測点Bまで繰り返す。
③ それぞれの水平距離を加えて求める水平距離とする。

4. 留意事項

一般に降測法は登測法に比較して作業も容易で精度的にも優れているのでなるべく降測法によるほうが望ましい。

5. 野帳の記入例

作業の進行に合わせ**表-2.2**（降測法）、**表-2.3**（登測法）のように野帳に記入し計算する。

表-2.2 降測法

測点	後端	前端	距離(L)	備考
A～P1	0.00	10.34	10.34	
P1～P2	0.00	10.06	10.06	
P2～P3	0.00	10.34	10.34	
P3～P4	0.00	10.08	10.08	
P4～P5	0.00	10.17	10.17	
P5～P6	0.00	10.31	10.31	
P6～B	0.00	7.91	7.91	
total			69.21	

表-2.3 登測法

測点	前端	後端	距離（L）	備考
A～P1	0.00	10.34	10.34	
P1～P2	0.00	10.06	10.06	
P2～P3	0.00	10.34	10.34	
P3～P4	0.00	10.08	10.08	
P4～P5	0.00	10.17	10.17	
P5～P6	0.00	10.31	10.31	
P6～B	0.00	7.91	7.91	
total			69.21	

2．4　鋼巻尺による距離測量

1. 目標

鋼巻尺を用いて精度1/5,000～1/30,000程度の平たん地の距離を測定する。

2. 使用器具

① 鋼巻尺（30m）
② スプリングバランス
③ 鋼巻尺用温度計
④ ポール（2本）
⑤ 測標板
⑥ レベル一式
⑦ セオドライト一式
⑧ 杭（10本）
⑨ 掛矢
⑩ 野帳
⑪ 電卓

3. 基本動作

① 測点A，Bに杭を打つ。
② 2点間のほぼ中央にレベルを据え、図-2.5のように測点A，Bと30m付近の地盤高を求め、水平に距離の測定ができるように杭の高さを計算する。
③ 計算に従い測点A，Bの杭頭の高さが同じになるようレベルを使用して調整する。
④ 測点Aにセオドライトを据え、測点Bを視準し見通し線中5m毎に鋼巻尺を支える支杭を千鳥の形に打つ。また20mの地点に

第2章　距離測量

　は中間点を打つ。この時、支杭の内側に鋼巻尺の幅より少し長い釘を測点A，Bと等しい高さになるようにそろえて打つ。中間点では、杭頭に測標板を取り付け等しい測点Aの高さと同じになるよう調整する。
⑤　図2-5のように鋼巻尺にスプリングバランスを取り付け引っ張りが働くようにしておく、また、鋼巻尺の途中に鋼巻尺用温度計を引っ掛けておく。

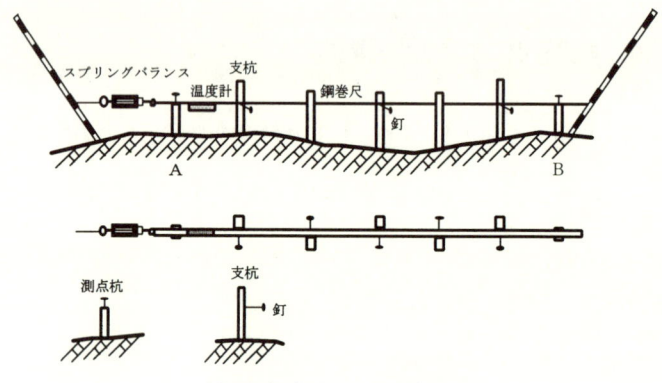

図-2.5 鋼巻尺による距離測量

⑥　前手と後手は、同時に所定の張力で鋼巻尺をポールを傾けることにより引っ張る。所定の張力に達したとき「よし」の合図で前端と後端の読みを取る。この時、前手と後手は、読み取るまで張力を一定に保っておく。
⑦　鋼巻尺の位置をずらし⑥の作業を繰り返す。
⑧　温度は作業の開始時と終了時に測定する。作業が長時間にわたるときはその中間で適宜測定する。
⑨　上記の作業を繰り返し測点Bに進む。
⑩　測点Bに達した後、同様の方法で復測定の作業に着手する。
⑪　以上の測定値は各種の補正を加えた後、平均される。

4.　留意事項
　張力が鋼巻尺を検定した時の値（通常10kgf）になるように鋼巻尺を引く。

5.　測定結果の補正
　鋼巻尺による距離測定の測定結果には様々な種類の定誤差が含ま

れている。特に、1/10,000以上の精度で測定を行いたい場合には、次のような補正計算により測定結果の各種誤差を消去する必要がある。

(1) 温度の補正
　測定時の温度が検定温度でないために生じる鋼巻尺の温度伸縮による誤差である。
$$Ct = \varepsilon \ell (T - T_0)$$
　Ct：温度補正量　　ε：鋼巻尺の熱膨張係数　　ℓ：測定距離
　T：測定時の温度　　T_0：検定（標準）温度
　　【注】温度の補正は、測定時の温度が検定温度と同じならば不要となる。

(2) 尺定数の補正
　標準尺と使用鋼巻尺の長さとの差による誤差である。
$$Cc = \delta \ell / S$$
　Cc：尺定数補正量　　δ：鋼巻尺の特性値（尺定数）　　S：使用鋼巻尺の長さ
　　【注】尺定数の補正量の値は、使用鋼巻尺が伸びている場合は正、縮んでいる場合は負となる。

(3) 傾斜の補正
　高低差のある2地点を斜めに測定したときによる誤差である。
$$Cg = -h^2 / 2\ell$$
　Cg：傾斜補正量　　h：2点間の高低差　　ℓ：斜距離
　　【注】傾斜の補正量の値は、必ず負となる。

6. 野帳の記入例

作業の進行に合わせ**表-2.4**のように野帳に記入し計算する。

表-2.4 鋼巻尺による距離測量

路線番号　　自　　　至　　　　　　9月7日　天候 晴　気温 23℃
鋼巻尺』8　　尺定数 30m+0.002mm 15℃、10kgf　　　　後端 安田　前端 市村

区間	読取り値		差	平均	温度	傾斜	補正量			結果
	後端	前端					温度	傾斜	尺定数	
A～P1	30.000	0.000	30.000	30.001	24.0	0.000	0.004	0.000	0.002	30.007
	30.102	0.100	30.002							
P1～P2	30.024	0.000	30.024	30.023	24.0	0.000	0.004	0.000	0.002	30.029
	30.122	0.100	30.022							
P2～P3	30.032	0.000	30.032	30.031	23.5	0.000	0.004	0.000	0.002	30.037
	30.130	0.100	30.030							

2.5 その他の機器による距離測量

　距離測量については、現在、利用目的に応じて様々な機器やシステムが開発され実用化されている。
本節では、光波測距儀、トータルステーション、GPS、VLBIについての概要だけを紹介するものとし、実際の測量方法については割愛する。それぞれの詳細については参考図書を参照されたい。

(1)　光波測距儀

　測定間を往復する光波の速度と到達時間を**図-2.6**のような装置を使用し正確に測定することにより2点間の距離を求める方法である。装置として光波測距儀と光波を反射する反射プリズム（ミラー）から構成される。近距離測定用の1素子反射プリズム、遠距離測定用の3素子反射プリズム、さらに多素子反射プリズムなどが測定距離により使い分けられ数kmまで測定する事が出来る。

(2)　トータルステーション

　光波測距儀と電子セオドライトを組み合わせたものであり（**図-2.7**）観測したデータをコンピュータに転送し、様々な測量計算を行うことが出来る。
トータルステーションの詳細については、第4章で修得する。

図-2.6　光波測距儀（**SOKKIA**製）　図-2.7　トータルステーション（**SOKKIA**製）

2.5 その他の機器による距離測量

(3) GPS（汎地球測位システム）測量

　地球上のいかなる場所でもGPS衛星から送られてくる電波を受信し、その位置の3次元座標または2点間の関係位置を求める測位技術である。装置としてGPS衛星から送信される電波や軌道を管理するため、GPS衛星を常時追跡して衛星の軌道を解析し、制御するための地上制御局、図-**2.8**に示すようなGPS受信機から構成される。GPS測量の詳細については第7章で習得する。

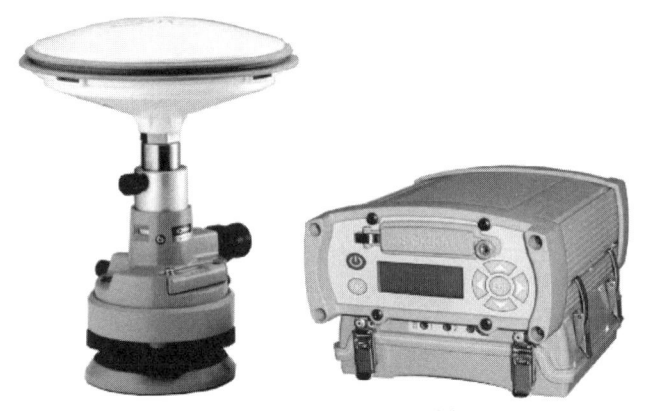

図-2.8 GPS測量（SOKKIA製）

(4) VLBI（超長基線電波干渉計）

　地球から数億光年離れた宇宙のかなたにある準星（クェーサー）から放射される電波を地上で受信し、2点間の相対的な距離を求める方法である。ただし、電波の強度が弱いので、受信するには大口径のアンテナ（図-**2.9**）が必要となる。

図-2.9 VLBI（国土地理院　つくば）

第3章　角測量

●学習のポイント

> 第3章では、角測量における以下の内容について学習する。
> ① セオドライトとトランシットの相違
> ② セオドライトを正確に早くすえつける方法
> ③ 単測法による水平角の測定方法
> ④ 方向法による水平角の測定方法
> ⑤ 方位角の測定方法
> ⑥ 鉛直角の測定方法

3．1　前提条件

(1)　トランシットとセオドライトは、それぞれアメリカ、ヨーロッパで発達してきたが、現在では器械自体に差はなく、バーニアタイプのものをトランシット、マイクロメーターやデジタルタイプのものをセオドライトとして区別されるのが一般的である。現在ではバーニアタイプの器械はほとんど使われていないので、ここでは角測量の器械の総称としてセオドライトという名称を用いる。

(2)　角度には水平角と鉛直角がある。水平角は基準となる点が0°で1周360°となるが、鉛直角は天頂角または水平角を0°とし1周360°で表している。

(3)　角度に20"の誤差があると20m先では2mmのずれを生じる。すえつけ、視準、角度の読み共に正確に早く行えるように心がけなければならない。

(4)　器械を正しく操作するためには、器械の構造も理解しなければならない。ここでは水平角や鉛直角について基本的な実習を行う。

第3章 角測量

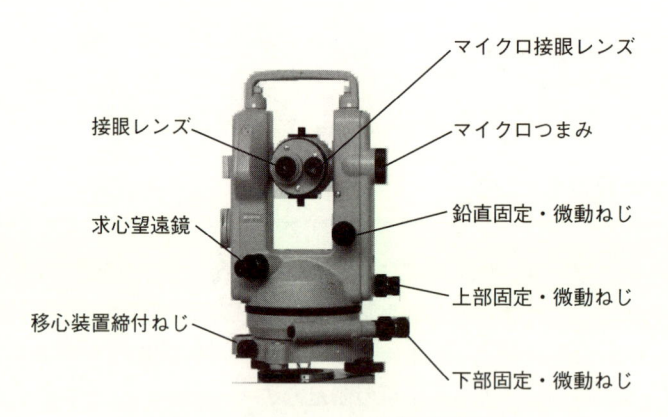

図-3.1 セオドライトの構成と名称

3．2 セオドライトのすえつけ
1. 目標

　セオドライトを正確に早くすえつける。

2. 使用器具

　① セオドライト
　② 測定びょう
　③ 金づち

3. 整準のしかた

　① セオドライトを三脚に取り付けてすえる。

　　注1）水平軸が目の高さより少し低くなるようにする。

　　注2）三脚は正三角形に、脚頭が水平になるように心がける。

　　注3）三脚が沈下しないように、脚先をしっかりと踏み込み、脚頭ねじを締める。

　② 気泡管軸を整準ねじA,Bと水平にし、ねじを調整して気泡を中央に導く。

　　注4）整準ねじA,Bを同時に内または外方向に回し、気泡を中央に導く。

　　注5）気泡は左手親指の動く方向に移動する（左手親指の法則）。
　　　　（図-3.2(a)）

　③ 器械を90°回転し、整準ねじCを操作して気泡を中央に導く。

　　注6）整準ねじA,Bには触らない。左手で操作すれば左手親指の法則が使える。

注7) 気泡管軸が2個ある器械では90°回転する必要はない。
（図-3.2(b)）

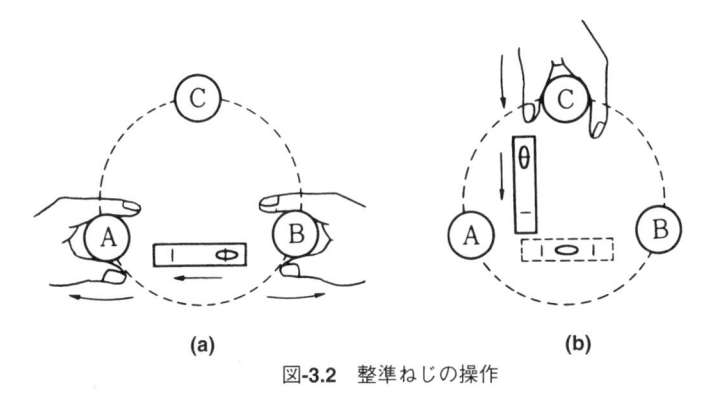

図-3.2 整準ねじの操作

4. すえつけ

① すえつけ前に、整準ねじをほぼ中央の高さに調整し、器械固定ねじを三脚頭部のほぼ中央に置く。

② 脚頭がほぼ水平で、下げ振りがほぼ測点上にくるように三脚を踏み込み、脚頭ねじを締める。

注1) 三脚をまたがないで観測できるように、観測方向を考えてすえつける。

③ 移心装置で下げ振りを正確に測点と一致させ、固定ねじを締める。（図-3.3）

図-3.3 下げ振りでの求心

第3章　角　測　量

④　整準ねじで器械を正しく整準する。
　　注2）整準後に器械の回転により整準がずれる場合は、調整・
　　　　修理等が必要である。
⑤　光学求心装置で正しく求心する。（図-**3.4**）
　　注3）整準が終わってから求心する。

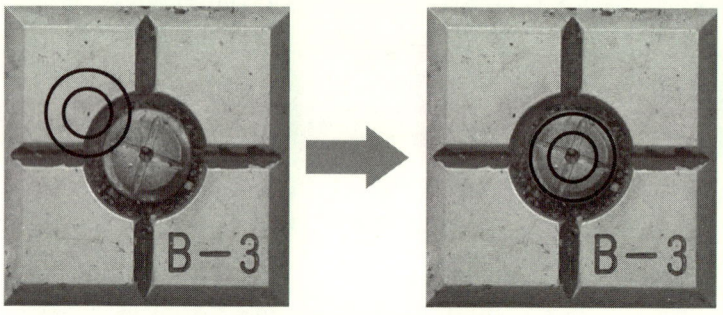

図-**3.4**　光学求心装置での求心

3．3　単測法による水平角の測定
1. 目標
正確に早く測角ができるようにする。
2. 使用器具
　①　セオドライト
　②　測点びょう
　③　指標ピン（指標ピンスタンド）
　④　金づち
　⑤　野帳
3. 角度の読みかた
(1) 水平角と鉛直角
　角度には水平角と鉛直角の2つがある（図-**3.5**）。
　　注1）水平角（Horizontal Angle）はHまたはHAで表される。
　　注2）鉛直角（Vertical Angle）はVまたはVAで表される。
(2) マイクロメーターの読み取り（水平角）
　①　マイクロつまみ（図-**3.1**）を回して、H目盛の目盛線を2本の
　　固定指標の中央に入れる。（図-**3.5(b)**）
　　注1）　マイクロメーターが60'を超える場合は1°大きい角度

に合わせる。
　　注2）マイクロメーターが0'より下回る場合は1°小さい角度に合わせる。
②　H目盛りを読む。（18°）（図-**3.5(b)**）
③　マイクロメーター目盛りを読む。（41'35"）（図-**3.5(b)**）
④　②，③を合計した角度が水平角となる。（18°41'35"）

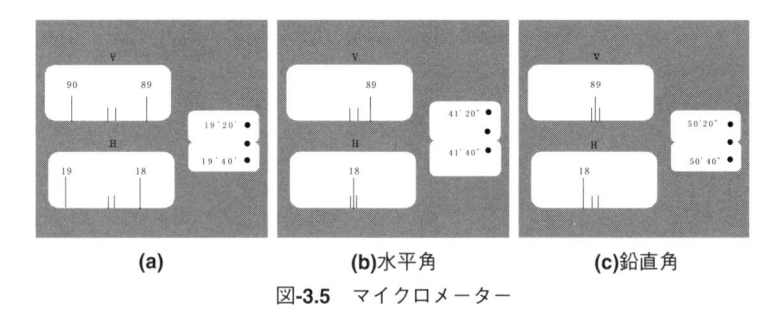

| (a) | (b)水平角 | (c)鉛直角 |

図-**3.5**　マイクロメーター

(3) マイクロメーターの読み取り（鉛直角）
①　マイクロつまみ（図-**3.1**）を回して、V目盛の目盛線を2本の固定指標の中央に入れる。（図-**3.5(c)**）
　　注1）マイクロメーターが60'を超える場合は1°大きい角度に合わせる。
　　注2）マイクロメーターが0'を下回る場合は1°小さい角度に合わせる。
②　V目盛を読む。（89°）（図-**3.5(c)**）
③　マイクロメーター目盛りを読む。（50'30"）（図-**3.5(c)**）
④　②，③を合計した角度が鉛直角となる。（89°50'30"）

(4) 液晶表示板（デジタル式セオドライト:図-**3.6**）の読み取り表示された数値をそのまま読む。
　　注1）水平角はH（HA）、鉛直角はV（VA）で表される。

第3章 角 測 量

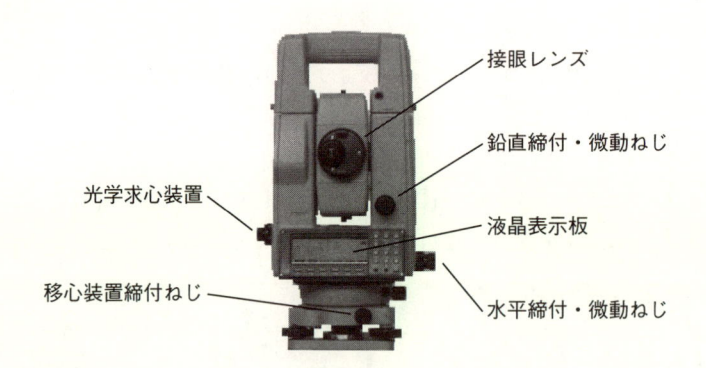

図-3.6 デジタル式セオドライト（トータルステーション）の構成と名称

4. 視準のしかた

① 十字線が最も明りょうに見えるように接眼レンズを調節する。

注1）①の操作が確実でないと、後述の④の操作終了後、目の位置を少し左右に動かすと、指標ピンと十字縦線が動いて見える（これを視差という）。この状態では正確な測定はできない。

② 鉛直締付ねじと下部締付ねじ（または上部締付ねじ）をゆるめ、視準点の方向に回転する。

注2）回転時は、望遠鏡ではなく、本体（柱部分など）を持って回転する。

③ 境外視準装置で見通して、視準点の少し手前で止め、各締付ねじを締め付ける（図-3.7(a)）。

注3）視準点を過ぎてしまった場合、もう一度左へ回し、右移動で操作が終了するようにする。

④ 照準ねじを操作して、指標ピンが最も明りょうに見えるようにする。

⑤ 下部微動ねじ（または上部微動ねじ）をねじ込む方向（右回し）に回して、視準点に十字縦線を一致させる。（図-3.7(b)）

⑥ 鉛直微動ねじを回し、十字線の交点を視準点に一致させる。（図-3.7(c)）

3.3 単測法による水平角の測定

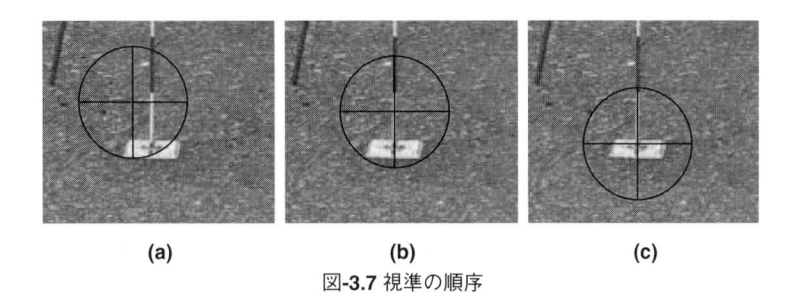

(a)   **(b)**   **(c)**

図-3.7 視準の順序

5. 測角（図-3.8）

(1) マイクロメーター式セオドライトによる測角

① セオドライトを測点Bにすえつける。

② 上部および下部締付ねじをゆるめ、水平目盛を0°より少し大きい位置に合わせ、上部締付ねじを締める。この状態では、上下盤が一体で回り角度は変わらない。この動作を下部運動という。

③ 下部運動で測点Aを視準する。

④ マイクロメーターを合わせ水平目盛を読み、野帳に記入する。（始読）

注1）鉛直角と読み間違えないようにする。

⑤ 上部運動で測点Cを視準する。

注2）上部締付ねじをゆるめると（下部締付ねじは閉めたままの状態）器械は回転する（下盤が固定したまま上盤が回り、角度は回転しただけ変わる）。この動作を上部運動という。

⑥ マイクロメーターを合わせ水平目盛を読み、野帳に記入する。（終読）

⑦ 望遠鏡正位の測定角（終読－始読）を求め、野帳に記入する。

注3）正位は望遠鏡 r（右回し）、反位は望遠鏡 ℓ（左回し）の欄に記入する。

⑧ 望遠鏡を反位にし、上部運動で測点Cを視準する。

⑨ マイクロメーターを合わせ水平目盛を読み、野帳に記入する。（反位の始読）

第3章 角測量

⑩ 上部運動で測点Aを視準し、マイクロメーターを合わせ水平目盛を読み、野帳に記入する。(反位の終読)

⑪ 望遠鏡反位の測定角（終読－始読）を求め、野帳に記入する。

⑫ 正位、反位の測定角を平均し、野帳に記入する。（∠ABCの角度）

注4) 正位と反位、それぞれ1回ずつの測定を1対回の測定という。

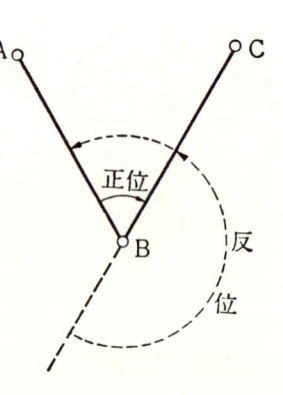

図-3.8 単測法による測角

表-3.1 単測法の野帳記入例（マイクロメータ式）

測点	視準点	望遠鏡	観測角	測定角	平均角	備考
B	A	r	0°0'40"			
	C	r	58°36'20"	58°35'40"	58°35'50"	
	C	ℓ	238°36'40"	58°36'00"		
	A	ℓ	180°0'40"			

r：望遠鏡の正位、 ℓ：望遠鏡の反位

(2) デジタル式セオドライトによる測角

① セオドライトを測点Bにすえつけ、電源を入れる。

② 測点Aを視準し、キー操作で液晶表示板を0°00'00"に合わせ、これを始読として野帳に記入する。

③ 測点Cを視準し、液晶表示板を読みとる。これを正位の終読として野帳に記入する。

④ 望遠鏡正位の測定角（終読－始読）を求め、野帳に記入する。

⑤ 望遠鏡を反位にし測点Cを視準し、液晶表示板を読みとる。これを反位の始読として野帳に記入する。

⑥ 測点Aを視準し、これを反位の終読として野帳に記入する。

⑦ 望遠鏡反位の測定角（終読－始読）を求め、野帳に記入する。

3．4　方向法による水平角の測定

⑧　正位、反位の測定角を平均し、野帳に記入する。（∠ＡＢＣの角度）

表-3.2　単測法の野帳記入例（デジタル式）

測点	視準点	望遠鏡	観測角	測定角	平均角	備考
B	A	r	0°0'0"			A　　　C
	C	r	58°36'20"	58°36'20"	58°36'25"	
	C	ℓ	238°36'40"	58°36'30"		
	A	ℓ	180°0'10"			B

3．4　方向法による水平角の測定

1．目標
器械操作はもちろんであるが、正しい野帳の記入方法ができるようにする。

2．使用器具
① セオドライト
② 測点びょう
③ 指標ピン（指標ピンスタンド）
④ 金づち
⑤ 野帳

3．測角（図-3.9）

(1) マイクロメーター式セオドライトによる測角

① セオドライトを測点Oにすえつける。
② 上部および下部締付ねじをゆるめ、水平目盛を0°より少し大きい位置に合わせ、上部締付ねじを締める。この状態では上下盤が一体で回り、角度は変わらない。この動作を下部運動という。
③ 下部運動で測点Aを視準する。
④ マイクロメーターを合わせて水平目盛を読み、野帳に記入する。（始読）
　注1）鉛直角と読み間違えないようにする。
⑤ 上部運動で測点Bを視準する。
　注2）上部締付ねじをゆるめると（下部締付ねじは閉めたまま

の状態）器械は回転する（下盤が固定したまま上盤が回り、角度は回転しただけ変わる）。この動作を上部運動という。

⑥ マイクロメーターを合わせ水平目盛を読み、野帳に記入する（測点Bの終読）。

⑦ 望遠鏡正位の測定角（終読－始読）を求めて野帳に記入する。
　注3）正位は望遠鏡 r （右回し）、反位は望遠鏡 ℓ （左回し）の欄に記入する。

⑧ 上部運動で測点Cを視準する。

⑨ マイクロメーターを合わせ水平目盛を読み、野帳に記入する（測点Cの終読）。

⑩ 望遠鏡を反位にし、上部運動で測点Cを視準する。

⑪ マイクロメーターを合わせ水平目盛を読み、野帳に記入する。（反位の始読）

⑫ 上部運動で測点Bを視準する。

⑬ マイクロメーターを合わせ水平目盛を読み、野帳に記入する。（反位測点Bの終読）

⑭ 同様に測点Aを視準し、水平目盛の読みを野帳に記入する。（反位測点Aの終読、1対回終了）

⑮ 望遠鏡を反位のまま水平目盛の始読の位置を180°/nほど変える。

⑯ ③～⑭の操作を所定の対回数（この実習では2対回）繰り返し行う。

　注4）始読位置は、2対回では0°、90°、3対回では0°、60°、120°付近とする。

　注5）2対回目は反位より測定を始めるので、始読の位置は90°+180°=270°付近とする。

⑰ 所定の対回数の測定が終わったら、野帳の計算を行う。

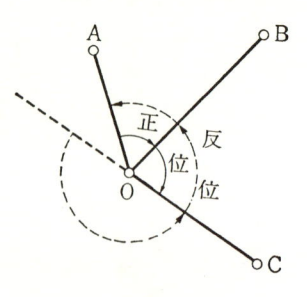

図-3.9　方向法による測角

3.4 方向法による水平角の測定

表-3.3 方向法の野帳記入例（2対回）

測点	目盛	望遠鏡	視準点	番号	観測角	測定角	倍角	較差	倍角差	観測差
O	0	r	A	1	0°01'20"					
			B	2	45°26'30"	45°24'70"	120"	20	0	0
			C	3	120°50'10"	120°48'50"	90"	10	20	0
		ℓ	C	3	300°49'40"	120°48'40"				
			B	2	225°25'50"	45°24'50"				
			A	1	180°01'00"					
O	90	ℓ	A	1	270°01'00"					
			B	2	315°25'50"	45°24'50"	120"	20		
			C	3	30°49'50"	120°48'50"	110"	10		
		r	C	3	210°50'00"	120°48'60"				
			B	2	135°26'10"	45°24'70"				
			A	1	90°01'00"					

注1) 倍角…同一視準点の1対回に対する正位と反位の秒数の和。同一視準点の分の値は同じ値（小さい分）に合わせて求める。

注2) 較差…同一視準点の1対回に対する正位の秒数から反位の秒数を引いた値（$r-\ell$）。

注3) 倍角差…各対回の同一視準点に対する倍角のうち、最大値から最小値を引いた値。

注4) 観測差…各対回の同一視準点に対する較差のうち、最大値から最小値を引いた値。

(2) デジタル式セオドライトによる測角
　① 操作方法は、単測法の場合と同様である。
　② 測点Aの始読を270°付近にするには、測点Aから90°角度を振った地点で、キー操作で液晶表示板を0°00'00"に合わせれば、測点Aを視準すると270°付近となる。
　　注1）下部回転固定ネジが付いている器械は、角度を合わせてから下部回転固定ネジを緩めれば、角度が動かずに回転する。

4. 方位角の測定（磁針による方法）

① 測点Aにセオドライトをすえつける。
② 水平目盛を0°に合わせる。
③ 磁針止めねじをゆるめ、下部運動（前述）で磁北に一致させる。
　注1）デジタル式の場合は磁北に合わせてから0°にセットする。
④ 上部運動（前述）で測点Bを視準し、水平角を読んだ値が測線ABの方位角となる。

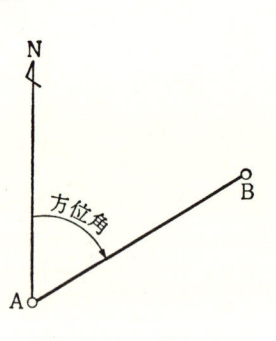

図-3.10　方位角の測定

3.5　鉛直角の測定

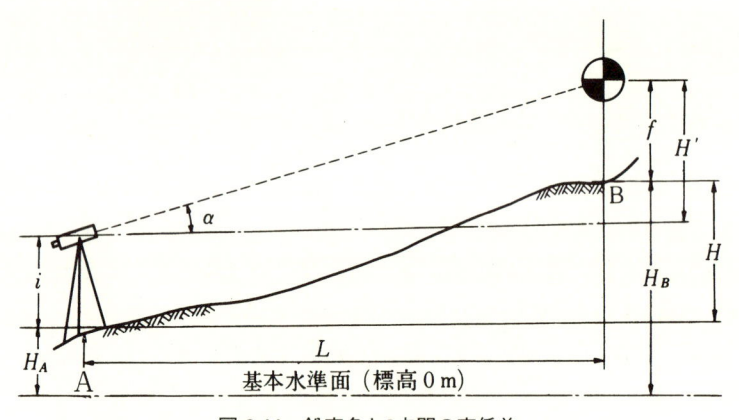

図-3.11　鉛直角と2点間の高低差

1. 目標
鉛直角を正しく測定する。

2. 使用器具
① セオドライト
② 標尺またはターゲット付標尺

3. 測角
① 測点Aに器械をすえつける。
② 望遠鏡正位で、視準点Bのターゲットに合わせ、鉛直角を読み取り、野帳に記入する。

注1) ターゲットは、あらかじめ所定の高さ（f）に固定する。普通の標尺を用いる場合は、所定の高さの目盛に十字線を合わせる。
③ 望遠鏡反位で、視準点Bのターゲットに合わせ、鉛直角を読み取り、野帳に記入する。
④ 正位と反位の平均値を求めて鉛直角とする。
注2) 正位と反位の測定値を相加平均することで、望遠鏡気ほう管・十字横線の位置のずれによる誤差が消える。
注3) 鉛直角には、図-**3.12**に示すように天頂角と高低角がある。高低角の場合には、仰角＋、ふ角－を必ずつける。

4. 高低差、標高の計算

図-**3.11**において、2点間の高低差、標高を求めると次のようになる。

高低差　$H' = L \cdot \tan a$
$$H = H' \pm (i - f)$$

ただし、
L ：2点間の水平距離
a ：鉛直角
i ：器械高
f ：ターゲットの取付高
H_A：標高既知点Aの標高
H_B：標高求点Bの標高
± ：仰角では＋、ふ角では－を使用する

注1) $i = f$となるように測定すれば、$H = H'$となり、計算が簡単になる。

標　高　$H_B = H_A + H$

例　題　図-**3.11**において、$i = 1.234m$、$f = 1.300m$、$a = +23°35'40''$、$L = 50.000m$、$H_A = 76.250m$である時のAB間の高低差とB点の標高を求めよ。

（解）

$H' = 50 \times \tan 23° 35' 40'' = 21.839m$
$H = 21.839 + (1.234 - 1.300) = 21.773$
$H_B = 76.250 + 21.773 = 98.023m$

5. 天頂角、高低角、高度定数の計算

　精度を確認するために高度定数を計算する。2点以上の鉛直角を測定したとき高度定数の最大と最小の差を高度定数の較差といい、この数値で鉛直角測定の精度を判定する。

表-3.4　鉛直角測定野帳記入例

測点	視準点	鉛直角		高度定数	結果		備考
O	A	r	69°48'40"		2Z	139°36'50"	
		ℓ	290°11'50"		Z	69°48'25"	
		$r+\ell$	360°00'30"	30"	a	20°11'35"	

r：望遠鏡の正位　　ℓ：望遠鏡の反位

① 高度定数（K）　$K = (r+\ell) - 360°$
　　　　　　　　　　$= 69°48'40" + 290°11'50" - 360° = 30"$

② 天頂角（Z）　$2Z = r + 360° - \ell$
　　　　　　　　　$= 69°48'40" + 360° - 290°11'50"$
　　　　　　　　　$= 139°36'50"$
　　　　　　　　$Z = 139°36'50" \div 2 = 69°48'25"$

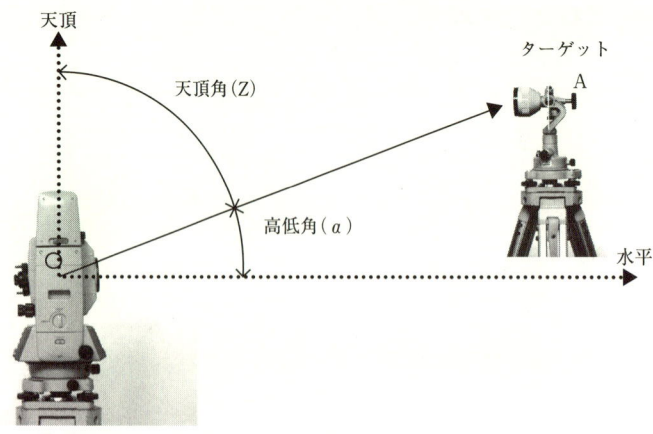

③ 高低角（a）　$a = 90° - Z$
　　　　　　　　　$= 90° - 69°48'25" = 20°11'35"$

図-3.12　天頂角、高低角

3．6 路線測量（円曲線設置）

1．目標

道路工事などで多く用いられる円曲線（単曲線）の設置ができるようにする。

路線の中心線を設置する場合には、障害物や地形の状況に応じていろいろな方法が使われる。また、路線は直線と円曲線、クロソイド曲線の3つから構成されている。直線区間は別として、円曲線とクロソイド曲線とではその設置方法が多少異なる。

円曲線の設置には一般に偏角測設法が用いられる。本節でも、偏角測設法による設置方法を習得する。

2．使用器具

① セオドライト
② 鋼巻尺
③ ポール
④ 杭、かけや
⑤ 釘、ハンマー

3．実習課題

図-3.13に示すような道路の中心線（ここでは、単曲線）において、道路の中心線の方向（AA′、BB′）、中心線の交点（IP）、IP点の交角（$I = 12°40′$）、B.C. = No.24 + 15.22m、E.C. = No.28 + 1.54m、$T.L.$ = 33.30m、
C.L. = 66.32m、点 IP の追加距離 = 528.52m、曲線半径（R）300mが与えられている。

No.25（P_1）、No.26（P_2）No.27（P_3）No.28（P_4）、E.C.の中心杭を設置せよ。

なお、図-3.13は表記を明確にするためにIP点の交角（I）を拡大してある。

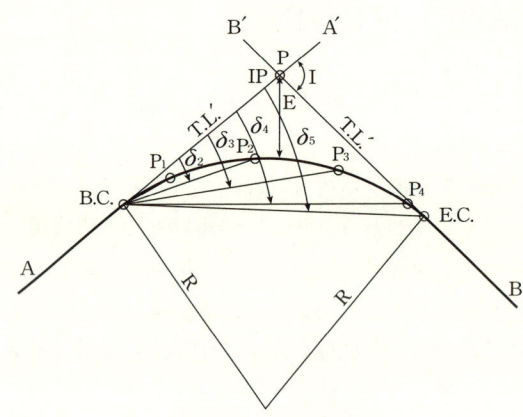

図-3.13　偏角測設法

4. 基本動作

① 道路の中心線の方向AA′、BB′を定め、交点（IP）の位置を決定して杭を打つ。

② IP点にセオドライトをつえつけ、交角Iを測定し、測設に必要な要素を計算する。

③ IP点よりA、Bの方向にT.L.をとり、B.C.とE.C.の位置を決めて杭を打つ。

④ ∠APBの二等分線上に距離Eをとり、曲線中心を決めて杭を打つ。

5. 実習

偏角測設法では弧長と弦長が等しいとしており、曲線半径が小さい（曲率が大きい）場合には誤差を伴うことになるから補正が必要になる。半径Rの円曲線で弧長がℓの場合、偏角をδとすると、

$$\delta = \frac{\ell}{2R} = \frac{1}{2} \cdot \frac{180 \times 60}{\pi} \cdot \frac{\ell}{R} = 1718.87 \times \frac{\ell}{R} \text{（分）}$$

(1) 偏角・弦長の計算

① No.25　始短弦　$\ell_1 = 20 - 15.22 = 4.78$m、

　　　$\delta_1 = 1718.87 \times 4.78 \div 300 = 0°27'23''$

　　　弦長（ℓ_1）$= 2 \times 300 \times \sin \delta_1 = 4.779$m

② No.26　$\ell_2 = 4.78 + 20 = 24.78$m、

　　　$\delta_2 = 1718.87 \times 24.78 \div 300 = 2°21'58''$

　　　20mに対する偏角　$\delta_0 = 1718.87 \times 4.78 \div 300 = 1°54'35''$

3.6 路線測量（円曲線設置）

20mに対する弦長　$C = 2 \times 300 \times \sin\delta_0 = 19.996$m

③　No.27　$\ell_3 = 24.78 + 20 = 44.78$m、
　　$\delta_3 = 1718.87 \times 44.78 \div 300 = 4°16'34''$

④　No.28　$\ell_4 = 44.78 + 20 = 64.78$m、
　　$\delta_4 = 1718.87 \times 64.78 \div 300 = 6°11'10''$

⑤　E.C.　終短弦 $\ell_5 = 1.54$m、
　　$\delta_5 = 1718.87 \times 66.32 \div 300 = 6°19'59''$

(2) 中心杭の設置

①　B.C.に器械をすえつける。

②　No.24方向に0°を合わせ、望遠鏡を反転してNo.25（P_1）に対するδ_1に角度を合わせ方向を視準し、その視準線の中にB.C.からの弦長（ℓ_1）を測定しNo.25を設置する。

注1）方向と距離が杭の頭に入るように杭を打ち込む。

注2）杭の頭の前後2点を視準し線を引き（図-**3.14(a)**）、線上で距離を測定し釘を打ち込む（図-**3.14(b)**）。

注3）距離・方向を再確認しながら最後まで打ち込む（図-**3.14(c)**）。

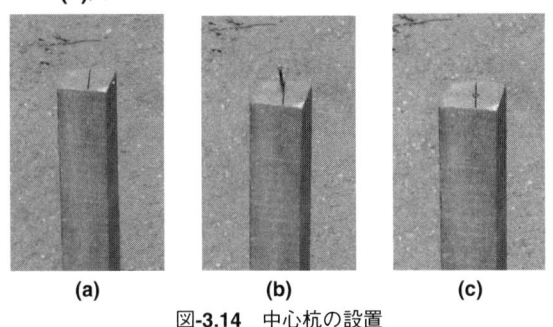

　　　(a)　　　　　(b)　　　　　(c)
図-**3.14**　中心杭の設置

③　器械はそのままで、No.26（P_2）に対するδ_2に角度を合わせ方向を視準し、その視準線の中にNo.25（P_1）からの弦長（20m）を測定しNo.26を設置する。

④　同様にE.C.まで設置する。

E.C.点は最初に決定された位置と一致するかどうかによって測量の正確さを判断することができる。

注4）スチールテープを使用する場合には誤差を少なくするため、距離はそれぞれの一つ前の測点から測定するようにす

るが、光波測距儀を使用する場合は、すべてB.C.から距離を測定する。

留意点
測設に必要な偏角の計算は1秒単位で行うが、セオドライトで測設する場合は20秒単位に丸めて測量する。

6. 関連知識

　20mごとに中心杭を打って曲線の始点（B.C.）にきたとき、ちょうどこの点が20mの位置にならないで半端な値になることが多い。この20mに不足する半端な距離（ℓ_1）を最初の短弦（first subcord）といい、また曲線に沿って20mづつとって進んだとき、曲線の終点（E.C.）が20mにあたらないとき、この半端な距離（ℓ_5）を最後の短弦（last subcord）という。また、一般的に使われているB.C.、E.C.、T.L.、C.L.は以下の略語である。

B.C.：曲線始点（beginning of curve）
E.C.：曲線終点（end of curve）
T.L.：接線長（tangent length）
C.L.：曲線長（curve length）

3.7　工事測量（丁張りのかけかた）

1. 目標

　工事の基準となる丁張りをかけられるようにする。丁張りはやり形とも呼ばれるが、ここでは現場で主に使われる丁張りということばを用いる。

2. 使用器具

① レベル
② スタッフ
③ セオドライト
④ 鋼巻尺
⑤ ポール
⑥ 水平器
⑦ スラントルール
⑧ 杭、ぬき板
⑨ かけや、金づち、のこぎり

⑩　釘、釘袋
⑪　マジック類

3.実習課題

下図のような盛土工事における法尻および法肩の丁張りをかけよ。

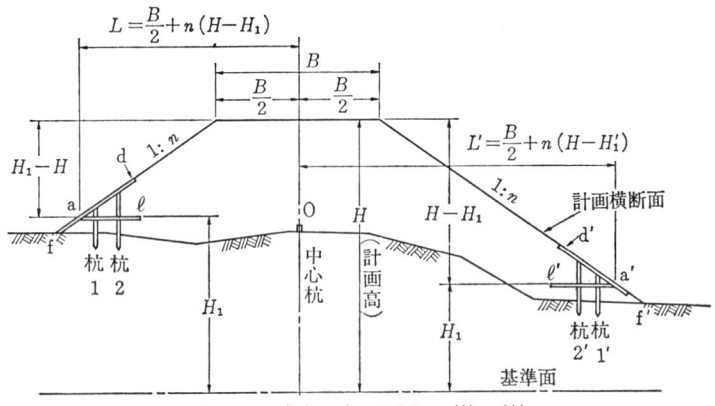

図-3.15　盛土工事の丁張り（施工前）

(1) 法尻丁張

① 計画横断面図より、中心杭Oから法尻f、f'までの距離をスケールで測る。

② 法尻f、(f')から中心杭O寄りに間隔50〜80cmで杭1(1')、杭2(2')を打ち、ぬきℓ(ℓ')をスラントルールなどで水平にして杭に打ちつける。

③ ぬきℓ(ℓ')の高さH(H')をレベルではかる。

④ 中心杭Oから$L=B/2+n(H-H_1)$、$L'=B/2+n(H-H_1')$の距離をぬきℓ(ℓ')の上に取り、点a(a')とする。（Hは計画高）

⑤ 点a(a')を通り、スラントルールでぬきの上側が$1{:}n$の勾配となるようにぬき(d、d')の位置を定め、杭1(1')、杭2(2')に固定する。ぬき(d、d')は法尻f(f')まで延ばす。

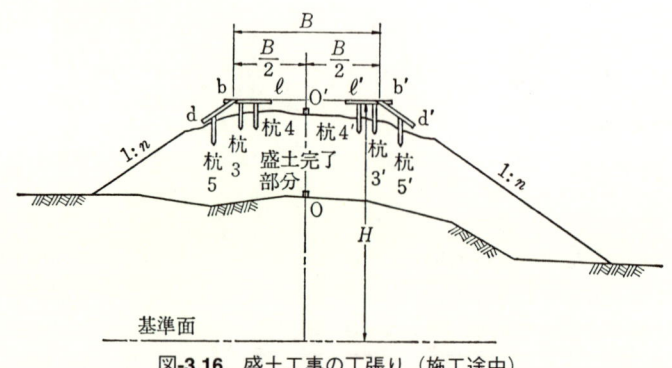

図-3.16 盛土工事の丁張り（施工途中）

(2) 法肩丁張
① 天端近くまで盛土が進行したら引照杭等から中心杭O'を測設し、その高さを求める。
② 中心杭O'から$B/2$よりややO'寄りに、間隔50〜80cmで杭3($3'$)、杭4($4'$)を打つ。ぬきℓ(ℓ')を水平に計画高Hになるように高さを定め杭に打ちつける。
③ ぬきℓ(ℓ')の上に中心杭O'より$B/2$の距離を測り、法肩の点b(b')をとる。
④ 杭5($5'$)を法面上の適当なところに打つ。法肩の点b(b')よりぬきの上側が$1:n$の勾配になるようにして、ぬきd(d')を杭5($5'$)に打ちつける。
注1）ぬきを打ちつけるとき、杭が動かないように注意する。

第4章　トラバース測量

●学習のポイント

> 第4章では、トラバース測量における以下の内容について学習する。
> ① トラバースの種類とトラバース測量の意義
> ② トラバース測量における外業の内容
> ③ トラバース測量における内業の内容
> ④ トータルステーションシステムの概要

4．1　前提条件

　細部測量を行うための基準点を設けるために、トラバース測量を行う。トラバース測量は大別して外業と内業に分けられる。外業の測角・測距の結果から内業で調整計算を行い、所要精度内にあれば、基準点の座標展開を行う。
トラバースの種類としては、
　　① 閉合トラバース（図-4.1(a)）
　　② 結合トラバース（図-4.1(b)、(c)）
　　③ 開放トラバース（図-4.1(d)）
がある。ここでは、独立した閉合トラバースを対象にトラバース測量の外業と内業の詳細について学ぶ。

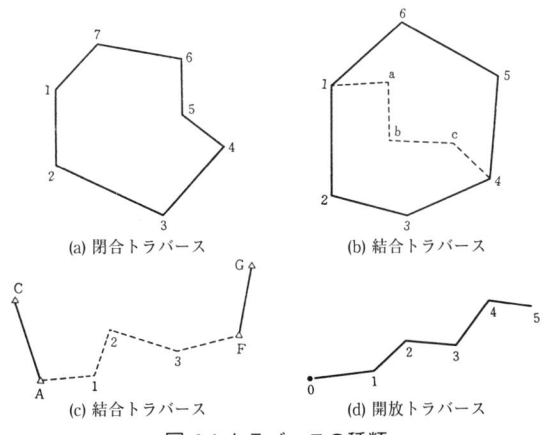

(a) 閉合トラバース　　(b) 結合トラバース

(c) 結合トラバース　　(d) 開放トラバース

図-4.1 トラバースの種類

4.2 トラバース測量の外業

1. 目　標
　精度1/5 000程度のトラバースについて、各測線の距離およびその交角を測定する作業を習得する。

2. 使用器具
　① セオドライト　② 鋼巻尺　③ ポール
　④ 測標板　⑤ 杭　⑥ かけ矢　⑦ マジックインキ類
　⑧ 釘および金づち

3. 基本動作
(1) 踏査・選点について
　① 計画図を参考にして測点位置を考慮しながら測量区域を一巡する。
　② 最初の測点（第1測点）に杭を打ち、頭部にくぎを打つ。測点ナンバー等を記入する。
　③ 第1測点から見通して、第2測点の予定地を定める。
　④ ③で定めた点から第1測点を見通す。次に第3測点の方向を見通して第2測点の位置を決定し、杭を打ち頭部にくぎを打ち込む。
　⑤ 第3測点以下③、④の作業を繰り返して測量区域全般に測点を設ける。

(2) 測距・測角について
　① 各測点間の距離をトラバースの精度に見合うよう、ミリメートルまで往復測定する。
　② 第1測点において磁北を定めて杭を打つ。
　③ 第1測線の磁針方位角を測定する。
　④ 各測点の交角を測定する。
　⑤ 測角の結果、誤差が制限以内であれば作業は完了である。

4. 留意事項
(1) 測点の位置は測角・測距がしやすく、細部測量に便利な点を考えて選点する。
(2) 杭は4～5cm角の木杭を打つか、頭部に十字線をきざんだ金属の測点びょうを用いる。測点番号は反時計回りにつけるのが便利である。

(3) 測点間の距離はできるだけ等しい距離になるように選定する。
(4) 閉合トラバースの場合の測角誤差の補正量（$\Delta\beta$：測角誤差の補正量、B：角測定角）

　　　内角を測定したとき（図-**4.2(a)**）
$$\Delta\beta = 180°(n-2) - \Sigma B \quad \cdots\cdots\cdots\cdots\cdots\cdots\cdots\cdots\cdots（4．1）$$
　　　外角を測定したとき（図-**4.2(b)**）
$$\Delta\beta = 180°(n+2) - \Sigma B \quad \cdots\cdots\cdots\cdots\cdots\cdots\cdots\cdots\cdots（4．2）$$

トラバース内における2測点間の結合トラバース（図-**4.2(c)**）の場合には、1－2－a－b－c－5－1の閉合トラバースとして式（4．1）で点検する。

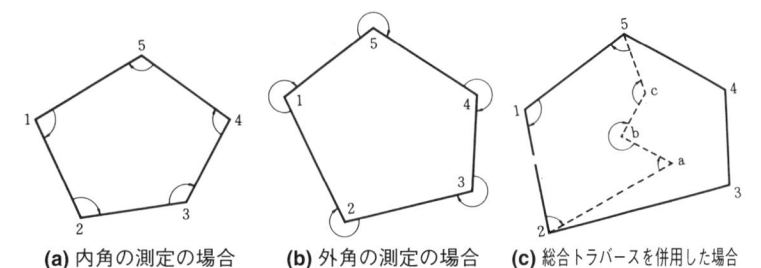

(a) 内角の測定の場合　　**(b)** 外角の測定の場合　　**(c)** 総合トラバースを併用した場合
図-**4.2**　測角方法と測角誤差の補正方法

(5) 測点の杭がなくなるおそれのあるときは、あとで復元できるよう固定点からの距離を測って記帳しておく。これは測点を見失った場合に発見するのにも便利である。
(6) 距離の測定精度は角の測定精度より劣ることが多いので、測距については十分に注意する。
(7) 交角の測定を行うときは、右回り、左回りを混同しないこと。
(8) 測角誤差の補正量（$\Delta\beta$）の許容範囲は、一般的に次のようである。
$$\Delta\beta = \pm\varepsilon\sqrt{n} \quad \cdots\cdots\cdots\cdots\cdots\cdots\cdots\cdots\cdots\cdots\cdots\cdots（4．3）$$
　　ただし、n：測点数
　　　　　　　トラバースの精度が1/5 000程度のとき　　$\varepsilon = 30″$
　　　　　　　トラバースの精度が1/10 000程度のとき　　$\varepsilon = 20″$
(9) 測角方法は原則として単測法でよい。より精度を上げるときは倍角法を用いる場合もあるが、最近ではあまり用いられない。

5. 関連知識

(1) 距離と角度の測定精度を等しくするためには図-4.3において測距の誤差(e_l)と測角の誤差($e_β$)が等しくなるように測定器具、測定方法を考える。

表4.1 距離と角度の測距誤差と精度の関係

$e_β$	e_l (m)	精　度
$1'$	0.0291	$\frac{1}{3\,340}$
$30''$	0.0145	$\frac{1}{6\,880}$
$20''$	0.0097	$\frac{1}{10\,300}$

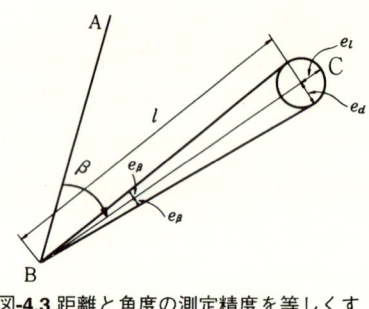

図-4.3 距離と角度の測定精度を等しくするための工夫

$\angle ABC = β$ の測角誤差を $e_β$ とし、BCの距離 l に対する距離誤差を e_l とすれば、

$$e_l = e_d$$

ただし、

$$e_d = (e_β/206\,265) \times l$$

いま、$l = 100$m とすれば、表4．1のようになる。

(2) やむを得ず測点間の見通しが得られないときは、偏心観測を行うことがあるが本書では割愛する。

(3) トラバース測量は応用測量の1つである。「第2章　距離測量」、「第3章　角測量」を復習すること。

(4) 閉合トラバース測量はある区画（造成地）等の測量に有効である。

(5) 結合トラバース測量は1つの路線で初めに測量されており、そのある区間を確認する測量なので結合トラバース測量でないと誤差が生じる。従って、通常道路等路線測量の場合は結合トラバースを行う。

4．3　トラバース測量の内業
4．3．1　計算整理
1. 目標

外業（閉合トラバースの実測）の成果を用いてトラバース点を求めるための計算方法を理解する。

2. 使用器具

① 測量野帳　　② 三角関数表　　③ 計算器
④ トラバース計算表

3. 実習課題

図-**4.4**のような土地の境界のトラバース測量を行って、表-**4.2**のような測距・測角の実測値を得た。この結果から各測点の合緯距、合経距を求めよ。ただし、トラバースの精度は1/50000とする。

4. 基本動作

① 外業結果の測定値を必要に応じて調整
② 方位角・方位の計算
③ 緯距・経距の計算
④ 閉合誤差、閉合比の計算
⑤ 精度が許容誤差以内であれば誤差を配分する。所定の精度が得られない場合は再測する。
⑥ 調整緯距・調整経距を計算し、合緯距・合経距を計算する。

5. 実習

(1) 測角値の調整

表-**4.2** 誤差の配分表

測　点	測定内角（β）	修正量（Δβ）	修　正　内　角
1	102°23′20″	＋6″	102°23′26″
2	146°23′20″	＋6″	146°23′26″
3	147°13′40″	＋6″	147°13′46″
4	234°09′20″	＋6″	234°09′26″
5	77°31′00″	＋6″	77°31′06″
6	113°47′20″	＋6″	113°47′26″
7	143°08′00″	＋6″	143°08′06″
8	130°22′20″	＋6″	130°22′26″
9	266°35′00″	＋6″	266°35′06″
10	78°25′40″	＋6″	78°25′46″
計	1 439°59′00″	＋60″	1 440°00′00″

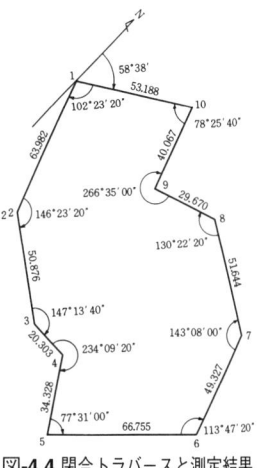

図-**4.4** 閉合トラバースと測定結果

測点数が１０で測角誤差が１′＝６０″であるから**表4.2**のように配分した。

(2) 方位角の計算

　　　　　一つ前の測線の方位角＋180°＋交角…………（4．4）

この場合、交角は後視から右回りに測った場合は＋、左回りに測った場合は－とする。計算結果の方位角が360°を超える場合は360°を減じ、－になった場合は360°を加える。

(3) 緯距・経距の計算（以下の計算例は全て**表4.3**の計算表にまとめる）

　　　　　緯距　　$L = \ell \times \cos a$ ……………………………（4．5）
　　　　　経距　　$D = \ell \times \sin a$ ……………………………（4．6）

ここに、ℓ：測線長　　L：緯距
　　　　a：方位角　　D：緯距

表-4.3 緯距・経距の計算結果

測線	計　算	方位角	測線	計　算	方位角
1～2		161°01′26″	7～8	340°06′36″ 180° 143°08′06″	
2～3	161°01′26″ 180° 146°23′26″			663°14′42″	303°14′42″
	487°24′52″	127°24′52″	8～9	303°14′42″ 180° 130°22′26″	
3～4	127°24′52″ 180° 147°13′46″			613°37′08″	253°37′08″
	454°38′38″	94°38′38″	9～10	253°37′08″ 180° 266°35′06″	
4～5	94°38′38″ 180° 234°09′26″			700°12′14″	340°12′14″
	508°48′04″	148°48′04″	10～1	340°12′14″ 180° 78°25′46″	
5～6	148°48′04″ 180° 77°31′06″			590°38′00″	238°38′00″
	406°19′10″	46°19′10″	10～1	238°38′00″ 180° 102°23′26″	
6～7	46°19′10″ 180° 113°47′26″			521°01′26″	161°01′26″
	340°06′36″	340°06′36″			

4.3 トラバース測量の内業

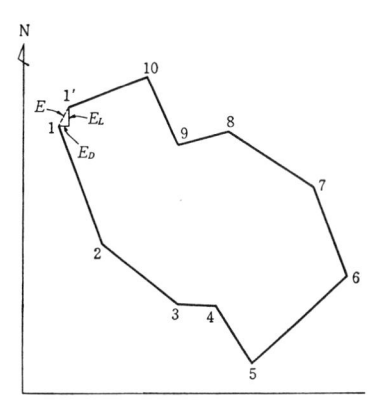

図-4.7 閉合差の計算方法

(4) 閉合差の計算

図-4.7において、

$\Sigma L = E_L$　　（緯距の誤差）

$\Sigma D = E_D$　　（経距の誤差）

のとき閉合誤差Eは、

$$E = \sqrt{(E_L)^2 + (E_D)^2} \quad \cdots\cdots\cdots\cdots\cdots\cdots\cdots (4.7)$$

(5) 閉合比（精度）の計算

$$R = E / \Sigma \ell \quad \cdots\cdots\cdots\cdots\cdots\cdots\cdots (4.8)$$

ここに、R：閉合比　　$\Sigma \ell$：測線長の総和

式（4.8）は一般的に分子を1にした分数の形で表す。

(6) 誤差の配分

① コンパス法則：距離測量と角測量の精度が同程度のときに用いる。緯距・経距の誤差をそれぞれの測線長に比例配分する。

$$e_{Li} = E_L \times \ell_i / \Sigma \ell 、 e_{Di} = E_b \times \ell_i / \Sigma \ell \quad \cdots\cdots (4.9)$$

ここに、e_{Li}、e_{Di}：緯距と経距の誤差の配分量

　　　　E_L、E_b：緯距・経距の誤差

　　　　　ℓ_i：測線長

　　　　$\Sigma \ell$：測線長の総和

② トランシット法則：地形その他の条件で距離測量の精度が角測量の精度に比して劣るときに用いる。緯距・経距の誤差をそれぞれ測線の緯距・経距に比例配分する。

$$e_{Li} = E_L \times L_i / \Sigma |L| 、 e_{Di} = E_D \times D_i / \Sigma |D| \cdots\cdots (4.10)$$

ここに、e_{Li}、e_{Di}：緯距と経距の誤差の配分量

E_L、E_D：緯距・経距の誤差

$\Sigma|L|$、$\Sigma|D|$：緯距・経距の絶対値の和

(7) 調整緯距、調整経距の計算

それぞれの測線の緯距・経距に補正量（EL、ED）を代数和して調整緯距・調整経距を求める。調整後$\Sigma L=0$、$\Sigma D=0$となる。

(8) 座標値の計算

図-4.8において、

$$\left.\begin{array}{ll} x_2 = x_1 + L_{1\sim 2} & y_2 = y_1 + D_{1\sim 2} \\ x_3 = x_2 + L_{2\sim 3} & y_3 = y_2 + D_{2\sim 3} \\ \quad \cdot & \quad \cdot \\ \quad \cdot & \quad \cdot \\ x_n = x_{n-1} + L_{n-1\sim n} & y_n = y_{n-1} + D_{n-1\sim n} \\ x_1 = x_n + L_{n\sim 1} & y_1 = y_n + D_{n\sim 1} \end{array}\right\}$$

……………………………………………(4. 11)

ここに、x_n：測点nのX座標

y_n：測点nのY座標

n：測点の番号

$L_{n-1\sim n}$：測線$n-1\sim n$の緯距

$D_{n-1\sim n}$：測線$n-1\sim n$の緯距

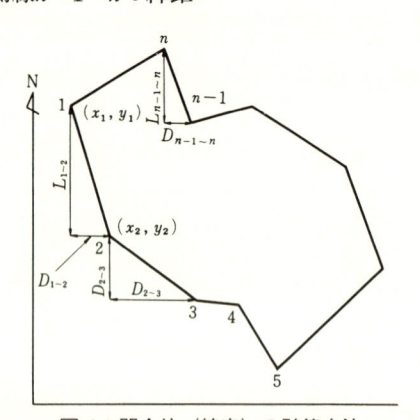

図-4.8 閉合比（精度）の計算方法

4.3 トラバース測量の内業

表-4.4 トラバース計算表

測線	方位角	方位	距離	緯距 (+)	緯距 (−)	経距 (+)	経距 (−)	調整量 緯距	調整量 経距
1~2	161° 01′ 26″	S 18° 58′ 34″ E	63.982		60.505	20.805		−0.003	−0.012
2~3	127° 24′ 52″	S 52° 35′ 08″ E	50.876		30.911	40.409		−0.003	−0.010
3~4	94° 38′ 38″	S 85° 21′ 22″ E	20.303		1.644	20.236		−0.001	−0.004
4~5	148° 48′ 04″	S 31° 11′ 56″ E	34.328		29.363	17.782		−0.002	−0.006
5~6	46° 19′ 10″	N 46° 19′ 10″ E	66.755	46.104		48.277		−0.003	−0.012
6~7	340° 06′ 36″	N 19° 53′ 24″ W	49.327	46.385			16.782	−0.003	−0.009
7~8	303° 14′ 42″	N 56° 45′ 18″ W	51.644	28.312			43.191	−0.003	−0.010
8~9	253° 37′ 08″	S 73° 37′ 08″ W	29.670		8.368		28.466	−0.001	−0.006
9~10	340° 12′ 14″	N 19° 47′ 46″ W	40.067	37.699			13.569	−0.002	−0.007
10~1	238° 38′ 00″	S 58° 38′ 00″ E	53.188		27.685	45.415		−0.003	−0.010
計			460.140	158.500	158.476	147.509	147.423	−0.024	−0.086

閉合誤差 $= \sqrt{0.024^2 + 0.086^2} = 0.089$

$\Sigma_\ell = 460.140$ $E_L = 0.024$ $E_D = 0.086$

閉合比 $= \dfrac{0.089}{460.140} = \dfrac{1}{5170}$

緯距調整量 $= \dfrac{E_L}{\Sigma_\ell} = \dfrac{0.024}{460.14} = 0.00005$

経距調整量 $= \dfrac{E_D}{\Sigma_\ell} = \dfrac{0.086}{460.14} = 0.00019$

測線	調整緯距 (+)	調整緯距 (−)	調整経距 (+)	調整経距 (−)
1~2		60.508	20.793	
2~3		30.914	40.399	
3~4		1.645	20.232	
4~5		29.365	17.776	
5~6	46.101		48.265	
6~7	46.382			16.791
7~8	28.309			43.201
8~9		8.369		28.472
9~10	37.697			13.576
10~1		27.688	45.425	
計	158.489	158.489	147.465	147.465

測点	合緯距	合経距
1	0	0
2	−60.508	20.793
3	−91.422	61.192
4	−93.067	81.429
5	−122.432	99.2
6	−76.331	147.465
7	−29.949	130.674
8	−1.64	87.473
9	−10.009	59.001
10	27.688	45.425

測線	距離	緯距調整量 E_L/Σ_ℓ	緯距調整量 調整量	経距調整量 E_D/Σ_ℓ	経距調整量 調整量
1~2	63.982	0.00005	0.003	0.00019	0.012
2~3	50.876	〃	0.003	〃	0.010
3~4	20.303	〃	0.001	〃	0.004
4~5	34.328	〃	0.002	〃	0.006
5~6	66.755	〃	0.003	〃	0.012
6~7	49.327	〃	0.003	〃	0.009
7~8	51.644	〃	0.003	〃	0.010
8~9	29.670	〃	0.001	〃	0.006
9~10	40.067	〃	0.002	〃	0.007
10~1	53.188	〃	0.003	〃	0.010
計					

4．留意事項

(1) 測角値の調整で補正量が秒単位で均等に割り切れないときは、切上げ切下げを組合わせて全補正量に等しくする。例えば、9角形で全補正量が60のときは補正量6″の角を3ケ、補正量7″の角を6ヶとするなどで調整する。（測角値の調整では測角は20″の精度であるが、計算過程を示すため1″単位の補正をしている。）

(2) 交角から方位角を計算するときは、計算のチェックを次のようにする。第1測線の方位角から順次第2測線……と計算してゆき、最終測線の次にもう一度第1測線の方位角を計算し、最初の値と一致すればよい。

5．関連知識

(1) 方位は図-4.9のようにN、Sを0°とし、左右にE、Wを90°までの角度で表す。方位角との関係および表し方は表-4.5のとおりである。

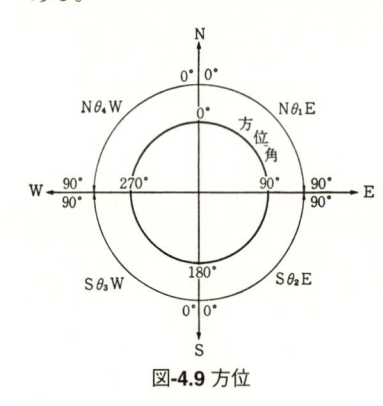

図-4.9 方位

表-4.5 方位角の表し方

方位角(α)	方位計算	方位(θ)
0°～90°	$\theta_1 = \alpha$	Nθ_1E
90°～180°	$\theta_2 = 180° - \alpha$	Sθ_2E
180°～270°	$\theta_3 = \alpha - 180°$	Sθ_3W
270°～360°	$\theta_4 = 360° - \alpha$	Nθ_4W

(2) 閉合比を計算した結果、誤差が大きくて再測する場合は主に1測線の誤差によることが多い。どの測線に誤りがあるか見当をつけるには次のようにする。

① $\tan\theta = E_D/E_L$からθを計算し、E_D/E_Lの符号から方位を求め、この方位を平行に近い測線を再測する。

② E_D/E_Lの値と各測線の経距/緯距の値に最も近い測線を再測する。

(3) 計算は有効数字を理解して行う。

(4) 図-4.10のように、両端の既知点におけるAC、BDの方位角が既

知の場合、ABを結ぶ結合トラバースの測角誤差補正量は次式で求められる。

図(a)の場合 　　　$\angle \beta = 180°(n+1) - (a_a - a_b + \Sigma \beta)$
図(b)(c)の場合　　$\angle \beta = 180°(n-1) - (a_a - a_b + \Sigma \beta)$
図(d)の場合 　　　$\angle \beta = 180°(n-3) - (a_a - a_b + \Sigma \beta)$
　　　　　　　　　　　　　　　　　　　　　　……………………………（4．12）

$\angle \beta$：測角誤差の補正量　　n：測角数
a_a：既知辺ACの方位角　　a_b：既知辺BDの方位角
$\Sigma \beta$：交角の総和

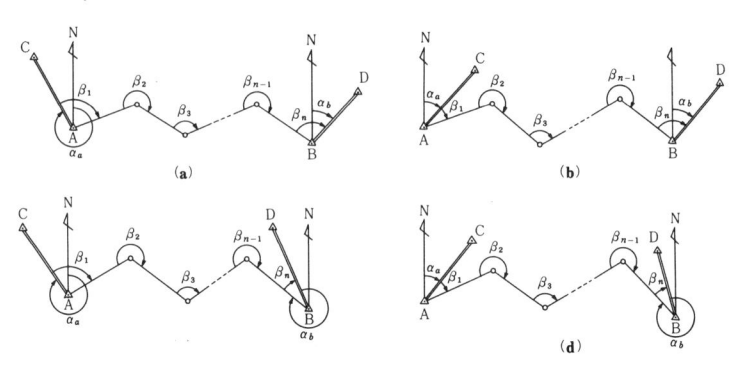

図-4.10 測角誤差の補正方法

(5) 逆トラバース計算

　座標から角度、距離、方向角を算出する計算である。現場での測量の仕方は施工計画書を基に、逆トラバース計算によって現地を確認し、放射トラバース測量で新しい測点を設置してゆく。また、交通の妨げになるような場所に器械を据え付けなければならないときなどは、この方法で仮座標点（逃げ点）を任意の場所へ設置する。

4．3．2　測点の展開

1. 目　標

　トラバースの計算結果の合緯距・合経距の値を所定の縮尺でケント紙上に展開する。

2. 使用器具

① 三角定規　② 直定規　③ 三角スケール
④ 1mm目のセクションペーパー　⑤ トレーシングペーパー
⑥ ケント紙　⑦ 鉛筆、消しゴム

3. 実習（成果図作成）

① トラバースの計算結果を準備する。
② 1mm目のセクションペーパー上に1/1 000～1/5 000等の小縮尺（1/m）で図-**4.11**のように測点を展開する。
③ ケント紙上で輪郭線を取り、その長さを大縮尺1/nではかりV、Hの値を読む。（図-**4.13**）
④ V、Hの値を小縮尺（1/m）で取り、トレーシングペーパー上で長方形をつくる。（図-**4.12**）
⑤ ②の図上に④の長方形を置き配置を決める。トレーシングペーパー上に原点を移し、X軸・Y軸の線を引く。
⑥ ⑤の原点の位置をケント紙上に比例して取り、X軸・Y軸の方向を考え直交するように引く。

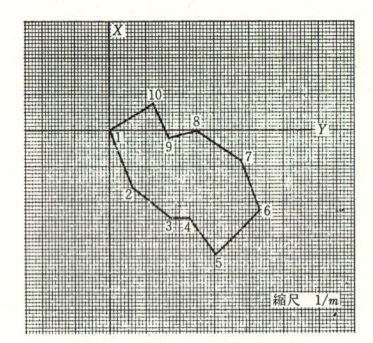

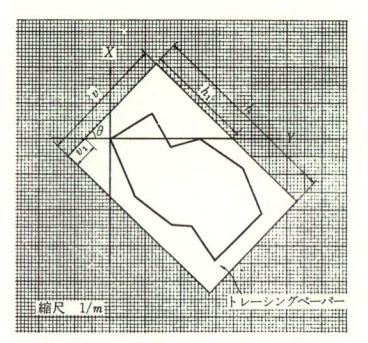

図-**4.11** 測点の小縮尺展開　　図-**4.12** 小縮尺による領域の確定

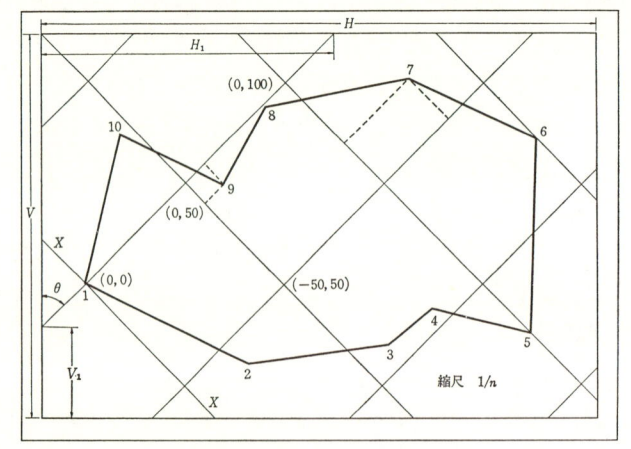

図-**4.13** 測点の大縮尺展開図

4.3 トラバース測量の内業

⑦ ⑥のX軸・Y軸に平行にケント紙上碁盤目を書き、碁盤目の交点に座標を記入する。

⑧ 原点から座標値をケント紙上に測点順に取っていく。

⑨ 測点間を結んでトラバースを書く。

4．留意事項

(1) 原点の位置、X軸、Y軸の方向を決めるときは、閉トラバースの外側における細部測量の範囲を考慮して配置を決めることに注意する。

(2) 原点を通るX軸、Y軸に平行な碁盤目の間隔は、使用するスケールの長さより短く５０．００～１００．００ｍのように、切りのよい数値の間隔とする。

(3) 各測点の座標点は、最寄りの碁盤目の交点から端数の数値をとり、X軸、Y軸に平行線をとって測点を決めるようにする（図-**4.13**）。

5．関連知識

(1) 測量した測点をケント紙などに作図し、任意の区画の面積を求めるには、まず、その区画を三角形で区分する。測点と測点を結んだ線を三角形の底辺とし、測点からその底辺に下ろした垂線を三角形の高さとして計算をすると任意の区画の面積を求めることが出来る（図-**4.14**）。全体の面積　$A = A_1 + A_2 + A_3 + A_4$

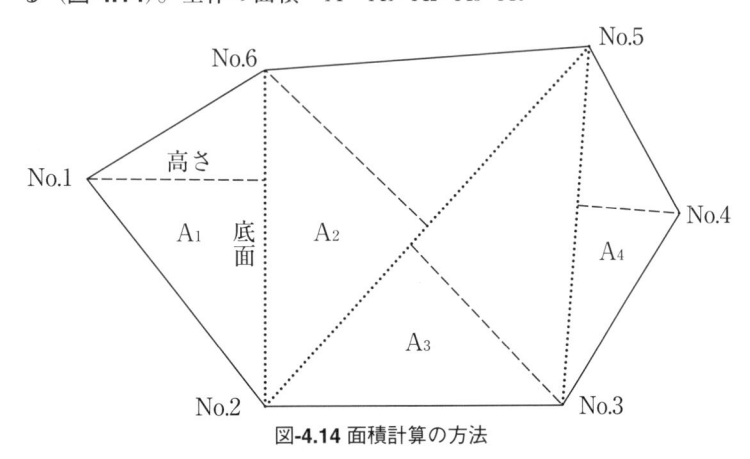

図-**4.14** 面積計算の方法

(2) トータルステーション（TS）について

① ＴＳは、光波で角度と距離を観測し、そのデータをＴＳ本体

第4章　トラバース測量

　　またはメモリーカードなどに保存する機能があり、内蔵されたプログラムにより各測点は後視点を基準とした座標値で表すことができる。また、コンピューターやプロッター等を併用して測量成果を求め、図面化する作業をトータルステーションシステムという。(図-4.15)
② 　ＴＳでは外業で得られたデータを電子データとして転送できるため、内業での人力による入力ミスが軽減され、時間的な効率も良い。測量作業の迅速性、精度管理の向上が期待できる。
③ 　ノンプリズム型やリモートコントロールで測量できる機種では、測量の補助をする人力が削減でき、単独での測量が可能である。
④ 　ＴＳでは、外業で得られたデータを専用ソフトに転送し任意の区画を入力すると瞬時に面積を求めることができ、高さを代入すれば体積も計算することができる。
⑤ 　ＴＳは雨に濡らさないように気をつけなければならない。(なお、防水機能を装備した機種もある)

(a) トータルステーションによる測定（外業）　　**(b)** トータルステーションシステム（内業）
図-4.15　トータルステーションとトータルステーションシステム

演習課題

1. 測量実習で得られた測距・測角の実測値を基にして表計算ソフトにより各測点の座標値と精度を出すプログラムを組んでみよう。また、フリーウェアのCADソフトなどへ先に求めた座標ファイルを読み込み、出来方展開図を作成し印刷してみよう。
2. 校内の敷地に骨組みトラバースを作成し各座標値を求めた後、逆トラバース計算を行い、放射トラバース測量により各座標値を確認してみよう。

第5章 水準測量

●学習のポイント

> 第5章では、水準測量における以下の内容について学習する。
> ① 水準測量の意味
> ② 水準測量に用いられる機器とそれぞれの各部の名称
> ③ 標尺の取り扱い方
> ④ 自動レベルを用いて行う基本的な作業と応用的な作業の内容

5．1　前提条件

　水準測量は、地表面上の高低差を求めるために行う測量である。望遠鏡の視準線が水平であることと、標尺が鉛直に立てられていることが条件になる。本章では、公共測量における3級以下の水準測量の精度を目標に現在、もっとも一般的に用いられている自動レベルを使用した測量ついて述べる。

5．2　水準測量に用いられる器械・器具の種類

　高低差を求めようとする2点A、Bに標尺を立て、2点よりほぼ等距離にレベルをすえて標尺の目盛を読み取る。この時の読み取り値の差が高低差Hになる。

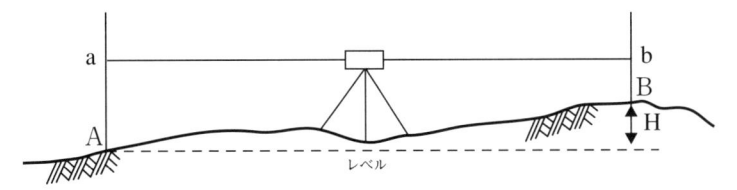

a：A点の標尺の読み　b：B点の標尺の読み　H：a、bの差（高低差）
図-5.1 直接水準測量の方法

　レベルには、チルチングレベル、自動レベル、電子レベルがある。チルチングレベルはレベルの機構を学習する上ではよいが、現状

ではあまり使用されていない。

標尺は、水準測量の精度を確保する上で、重要な役割を持っている。目盛を正確に読み取るために、目盛の刻み方に種々の工夫をしたものがあり、目的にあったものを用いることが必要である。

(1) チルチングレベル

この型式のレベルは、円形気泡管により器械をほぼ水平にすえつけ、高低微動ねじを操作し、望遠鏡内で見える主気泡管像の両端を一致させると水平になる構造であり、その時に標尺の目盛を読む。

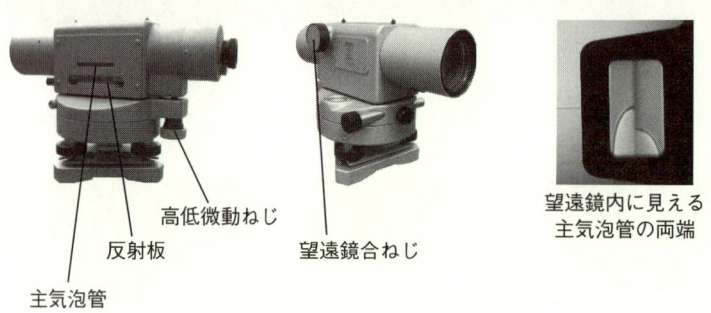

図5-2 チルチングレベルの各部名称

(2) 自動レベル

自動レベルは、円形気泡管でほぼ水平にすれば自動的に水平の視準線が得られる特徴を持っている。

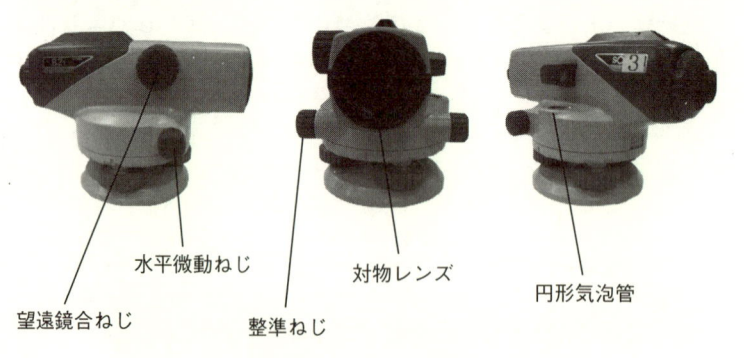

図5-3 自動レベル各部の名称

5.2 水準測量に用いられる器械・器具の種類

(3) 電子レベル

電子レベルの特徴として、器械が自動的にバーコード式標尺を読み取り、測定したデータを内部メモリーに記録することができ、記帳、手計算の必要が無く操作時の負担を低減して観測者の読み取り誤差を無くすことができる。取得したデータをコンピュータでデータ処理することが可能である。

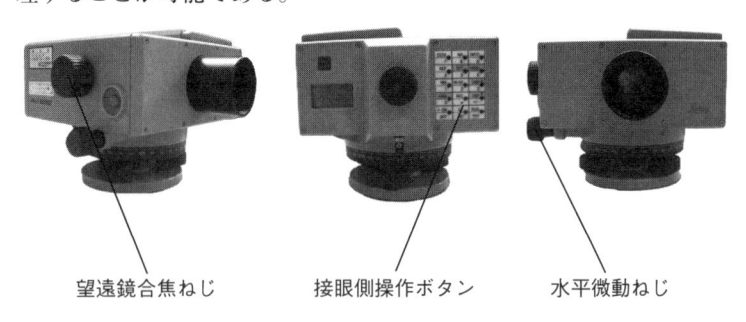

望遠鏡合焦ねじ　　接眼側操作ボタン　　水平微動ねじ

図5-4 電子レベル各部の名称

(4) 標尺（スタッフ）

標尺は、目盛が正しいことは言うまでも無いが、継ぎ目が正しいものを選ぶことが大切である。観測時に、標尺は鉛直に立て両手で目盛を隠さないよう持ち、前後にゆっくり動かして、最小値を読み取らせる。標尺を鉛直に立てるため、標尺用水準器が付属しているものや取り付けて使用するものがあり便利である。

標尺を立てる地点は、沈下しやすい場所や不安定な場所は避ける。地盤が悪いところでは、標尺台を用いると安定した測定ができる。

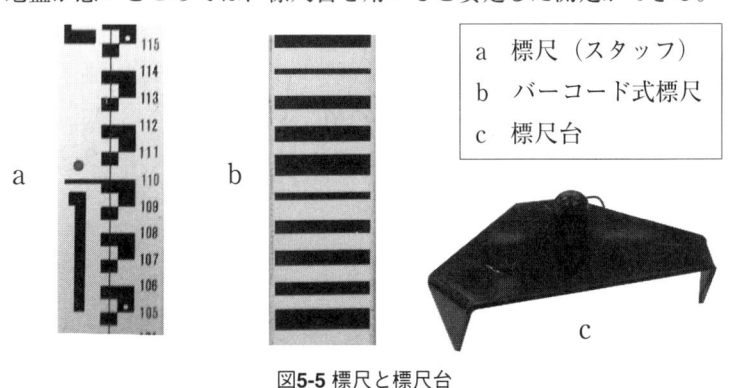

a 標尺（スタッフ）
b バーコード式標尺
c 標尺台

図5-5 標尺と標尺台

5.3 基本的な水準測量の方法
1. 昇降式による直接水準測量
　測定距離が長い時や2地点間の高低差を求める時などに用いると便利である。
(1) 目標
　昇降式による直接水準測量の方法を学ぶ。
(2) 使用器具
　レベル(1)、標尺(1)、野帳
(3) 用語説明
　① 後視（B.S.）：地盤高が既知の点に立てた標尺の読み
　② 前視（F.S.）：地盤高を求めようとする点に立てた標尺の読み
　③ 器械高（I.H.）：望遠鏡の視準線の地盤高
　④ もりかえ点（T.P.）：後視、前視ともに読み取る点
　⑤ 中間点（I.P.）：前視だけを読み取る点
(4) 作業手順
　① **図-5.6**において、2点ＡＢ間のほぼ等距離になるようにレベルを置き、脚頭がほぼ水平になるように三脚を地中に差し込む。
　② 整準ねじを用いて円形気泡管の気泡を中央に導く。
　③ 点Aに標尺を立て視準し、後視として読み取る。
　④ 次に点Bに標尺を立て視準し、前視として読み取る。
　⑤ 野帳に記入し、点Bの地盤高を計算する。
　⑥ 次に2点ＢＣ間へレベルを移動し、同様な方法で実施する。
　⑦ もりかえ点Bでは、後視、前視をともに読むので注意する。
　⑧ 同様の作業を繰り返して**表-5.1**に示すように、測定値を野帳に記入する。記入に際しては誤りのないように注意する。
　⑨ 野帳に記録した測定値を用いて、**表-5.1**に示すように、点B、C、Dの地盤高さを計算するとともに、検算を実行して計算ミスや記入ミスなどの誤りをチェックする。

5.3 基本的な水準測量の方法

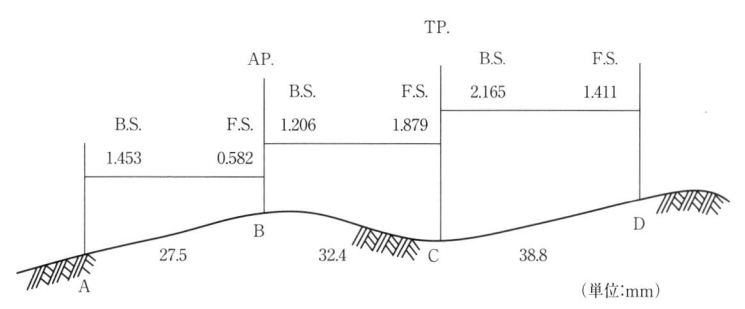

図-5.6 昇降式による直接水準測量

（単位:mm）

表5-1 野帳の記入例

点	距離 (m)	後視 B.S. (m)	前視 F.S. (m)	昇 (+) (m)	降 (－) (m)	地盤高 G.H. (m)
A		1.453				10.000
B	27.5	1.206	(-) 0.582	0.871		10.871
C	32.4	2.165	(-) 1.879		0.673	10.198
D	38.8		(-) 1.411	0.754		10.952
計	98.7	4.824	3.872	1.625	0.673	
検算		4.824 － 3.872 0.952		1.625 － 0.673 0.952		10.952 －10.000 0.952

2. 器高式による直接水準測量

中間点（ＩＰ）が多い時、器械を移動せずに放射的に測定するような場合に用いると便利である。

(1) 目標

器高式による直接水準測量の方法を学ぶ。

(2) 使用器具

レベル（1）、標尺（2）、野帳

(3) 作業手順

　① 図-5.7に示すように、2点ＡＣ間のほぼ等距離になるようにレベルを置き、脚頭がほぼ水平になるように三脚を地中に差し込む。

　② 整準ねじを用いて円形気泡管の気泡を中央に導く。

　③ 点Aに標尺を立て視準し、後視として読み取る。

　④ 次に点Bに標尺を立て視準し、中間点として読み取る。

　⑤ 点Cに標尺を立て視準し、前視として読み取る。

　⑥ それぞれの測定値を野帳に記入し、点B、Cの地盤高を計算

第5章 水準測量

する（**表-5.2**参照）。

⑦ 次に2点CE間へレベルを移動し、同様な方法で実施する。
⑧ もりかえ点Cでは、後視、前視をともに読むので注意する。
⑨ 特に最終点Gは、もりかえ点になるので、注意する。
⑩ 野帳に記録した測定値を用いて、**表-5.2**に示すように、点B、C、D、E、F、Gの地盤高を計算するとともに検算を実行して、計算ミスや記入ミスなどの誤りをチェックする。

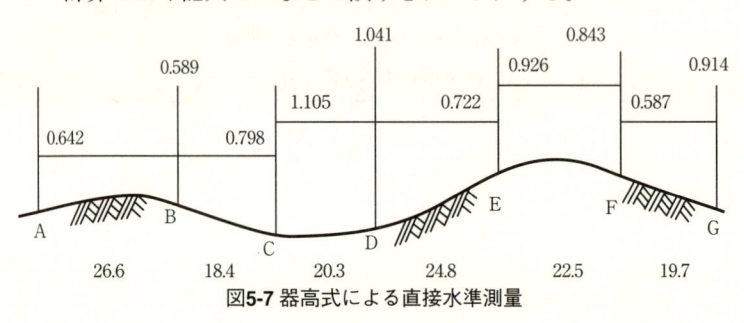

図5-7 器高式による直接水準測量

表-5.2 野帳の記入例

点	距離 (m)	後視 B.S. (m)	器械高 I.H. (m)	前視 FS (m) もりかえ点 T.P. (m)	前視 FS (m) 中間点 I.P. (m)	地盤高 G.H. (m)
A		0.642	10.642			10.000
B	26.6				0.589	10.053
C	18.4	1.105	10.949	0.798		9.844
D	20.3				1.041	9.908
E	24.8	0.926	11.153	0.722		10.227
F	22.5	0.587	10.897	0.843		10.310
G	19.7			0.914		9.983
計	132.3	3.260		3.277		
検算	\multicolumn{6}{l}{ΣB.S.−ΣT.P.＝3.260−3.277＝−0.017m　　$H_G−H_A$＝9.983−10.000＝−0.017m}

5．4 応用的な水準測量

1．縦断測量

道路、鉄道などの細長い路線の縦断方向に沿って中心杭（ナンバー杭、プラス杭）の地盤高を測定する場合、昇降式野帳を使用する。中間点が多くなる場合、野帳記入方法は器高式がよい。

5.4 応用的な水準測量

2. 横断測量

道路、鉄道などの細長い路線の横断方向を測量する場合（横断測量）、路線の中心杭（ナンバー杭、プラス杭）に対して直角方向の地盤高を測定すると同時に中心杭からの距離を測定する。

(1) 目　　標

路線の横断方向を直接水準測量で測定する方法を学ぶ。

(2) 使用器具

レベル（1）、標尺（2）、繊維製巻尺、野帳、杭、かけ矢

(3) 作業手順

① 横断方向ができるだけ見通せる場所を選択しレベルを置き、脚頭がほぼ水平になるように三脚を地中に差し込む。（図-**5.8**参照）
② 整準ねじを用いて円形気泡管の気泡を中央に導く。
③ 中心杭から路線の進行方向に向かって右側、左側として野帳を器高式野帳で記入する。
④ 基準となる中心杭を後視として読み取る。
⑤ その他の地形的な変化点を中間点として読み取る。読み取る範囲は路線設計の横断図が描ける範囲を十分にカバーできる距離を考慮する。
⑥ 変化点までの距離は、中心杭から測定する。

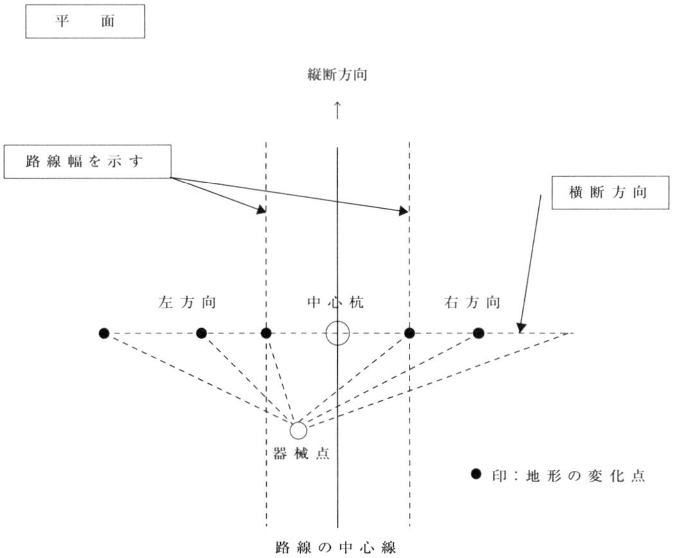

図-5.8 路線の横断測量平面図

第5章 水準測量

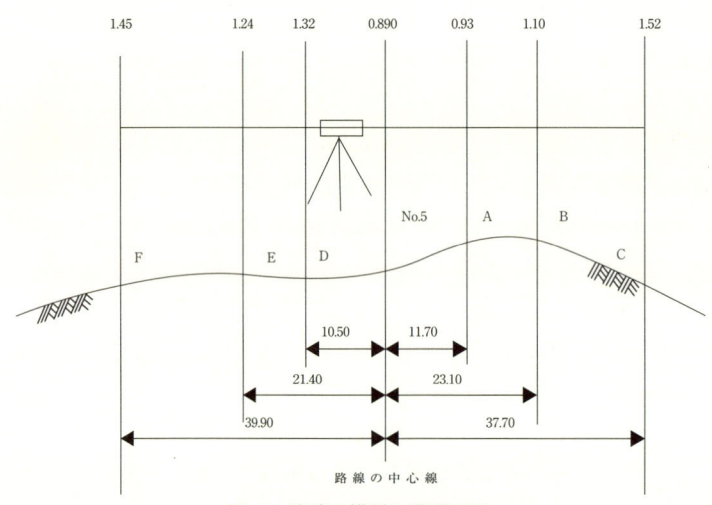

図-5.9 路線の横断測量断面図

表-5.3 野帳の記入例

測点		距離 (m)	後視 B.S. (m)	器械高 I.H. (m)	前視 FS（m）		地盤高 G.H. (m)
					もりかえ点 T.P. (m)	中間点 I.P. (m)	
No5 右			0.890	11.451			10.561
	A	11.70				0.93	10.521
	B	23.10				1.10	10.351
	C	37.00			1.52		9.931
No5 左			0.890	11.451			10.561
	D	10.50				1.32	10.131
	E	21.40				1.24	10.211
	F	39.90			1.45		10.001

3. 等高線作成（座標点法）

　広範囲の場合は、間接法（トータルステーションとプリズム等）によって多くの四角形に分割しこれらの各交点の地盤高を求め、その値から等高線の通過する点を比例計算し、等高線を描く。
　小範囲でゆるやかな傾斜地の等高線を正確に描く場合、等高線を求めようとする範囲を四角形に分割し水準測量によって直接、現地で

上記と同様な方法で各交点の地盤高を求めて、その値から等高線の通過する点を比例計算し、等高線を描く。

(1) 目　　標

　地形の直接水準測量の方法を学ぶ。

(2) 使用器具

　レベル（1）、標尺（2）、繊維製巻尺、野帳、杭、かけ矢

(3) 作業手順

　① 等高線を求めようとする範囲を適当な大きさで格子状に区切り（**図-5.10**参照）、交点を明示しておく（**図-5.10**の実線）。

　② 基準点を決めておく。

　③ 交点が多くなるので、器高式野帳を用いる。

　④ スケッチを描き、測点の管理をしておく。

　⑤ 基準点を後視として、その他の交点を中間点として標尺を読み取る。

　⑥ 器高式野帳で地盤高を求めた後、格子状の各線を通過する等高線を比例計算で求め明示する。

　⑦ 等高の各点を滑らかな線で描いていく。

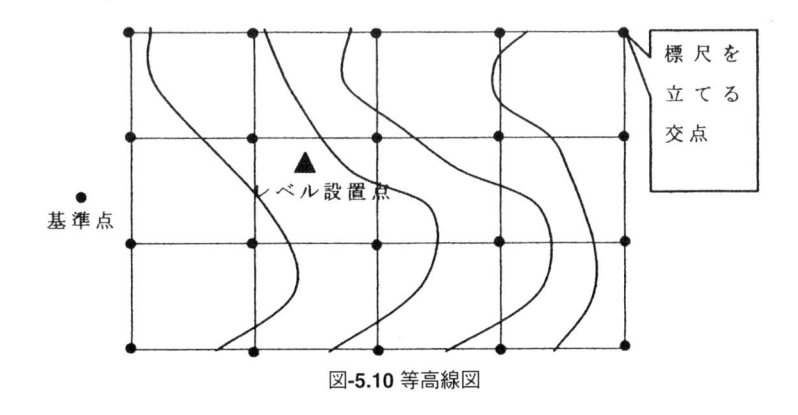

図-5.10 等高線図

4. 土量計算（点高法）

　点高法は、建物敷地の地ならし、土取り場や土捨て場の容積測定など、広い範囲の土量の計算をするときに用いられる。間接法（トータルステーションとプリズム等）によって求める場合が多いが、小範囲でゆるやかな傾斜地の場合は、水準測量によって求める場合もある。
各測点の地盤高さの測定は等高線作成と同様な方法で実施する。
土地を格子状の四角形に分割し、それぞれの交点の地盤高（基準面からの高さ）を求めると、基準面上の土量は次式で求めることができる。

$V = S/4(\Sigma h_1 + 2\Sigma h_2 + 3\Sigma h_3 + 4\Sigma h_4)$

S = 1個の四角形の面積
Σh_1：1個の四角形だけに関係する点の地盤高の和
$2\Sigma h_2$：2個の四角形に共通する点の地盤高の和
$3\Sigma h_3$：3個の四角形に共通する点の地盤高の和
$4\Sigma h_4$：4個の四角形に共通する点の地盤高の和

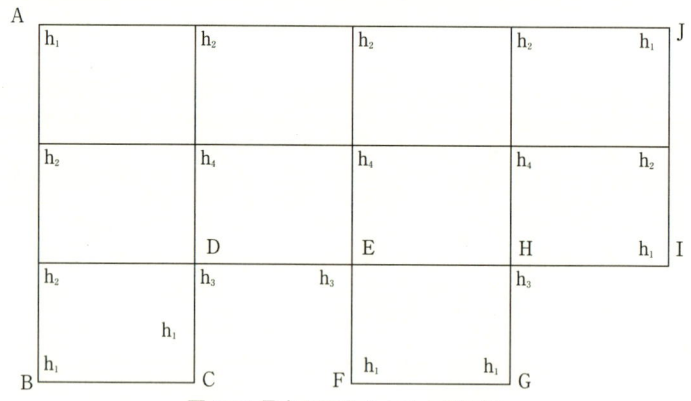

図-5.11 長方形区分による土量計算

5．5　水準測量の実習事例

　測量範囲を格子状に区分し、それぞれの交点を明示して地盤高を求め、その結果より土量計算と等高線作成について学習する。

(1)　目標

　水準測量の応用を学ぶ。具体的には以下の3点の内容を習得する。

①　器高式野帳による地盤高計算
②　点高法による土量計算
③　座標点法による等高線作成

(2)　使用器具

　自動レベル、標尺、鋼巻尺、繊維性巻尺、杭、かけ矢または金づち、器高式野帳、方眼紙

(3)　作業手順

①　測量する範囲を長方形（3 m × 2 m）の格子状に区分する。交点は杭やくぎを打つなど、わかりやすいように明示しておく。

②　基準点を設け、各交点に標尺を立て、器高式野帳で地盤高を計算する。

③　点高法（長方形区分）により土量計算をする。

④　格子状の各点の地盤高より、格子の各辺を通過する等高線を比例計算によって求める。

⑤　方眼紙に適当な縮尺で格子をとり、計算で求めた等高線を各辺にプロットする。その後、滑らかな線で等高線を作成する。

図-5.12 実習風景

第5章 水準測量

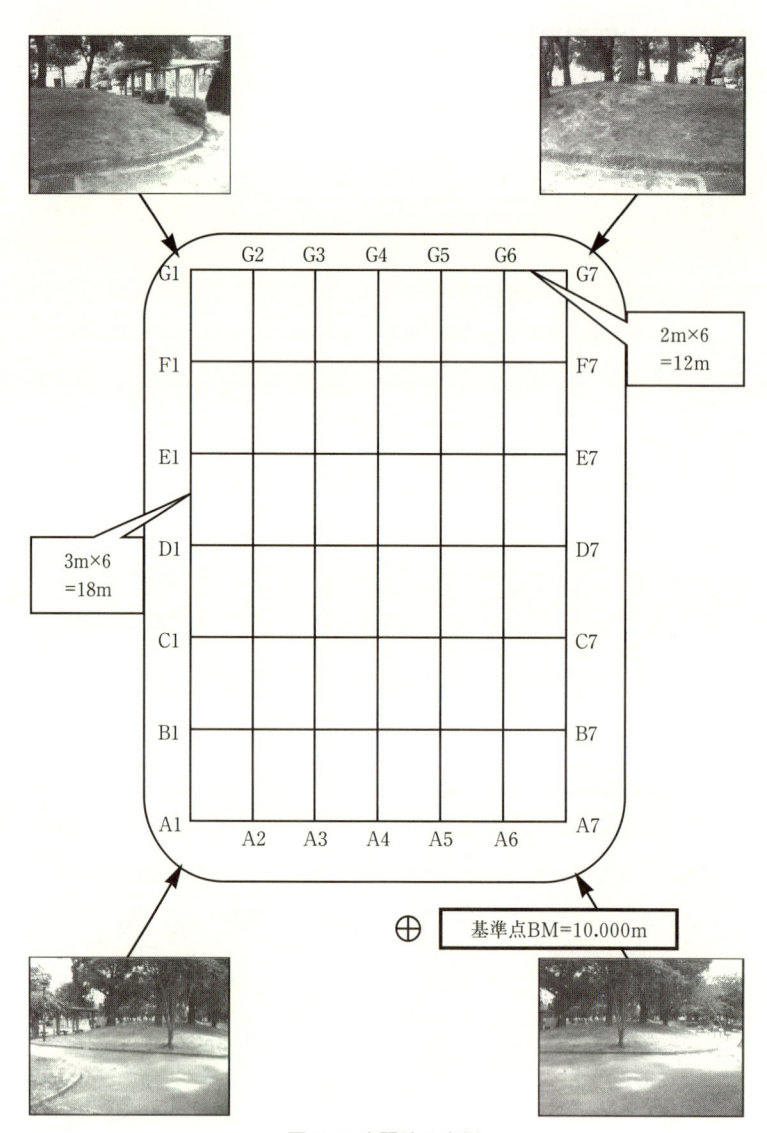

```
        G2   G3   G4   G5   G6
    G1┌─────────────────────────┐G7
      │                         │      2m×6
    F1│                         │F7    =12m
      │                         │
    E1│                         │E7
      │                         │
3m×6  D1│                         │D7
=18m  │                         │
    C1│                         │C7
      │                         │
    B1│                         │B7
      │                         │
    A1└─────────────────────────┘A7
        A2   A3   A4   A5   A6

              ⊕   基準点BM=10.000m
```

図-5.13 実習地の事例

5.5 水準測量の実習事例

(4) 格子状の交点の地盤高

表-5.4は器高式野帳で計算を行った結果である。

また、基準点の地盤高 G.H.=10.000m である。すべての測点（交点）が見通せることを前提に、それぞれを中間点として計算した。

表-5.4 水準測量の結果

測点	G.H	測点	G.H	測点	G.H
A1	10.075	D1	10.299	G1	10.393
A2	10.052	D2	10.805	G2	10.366
A3	10.067	D3	11.048	G3	10.402
A4	10.027	D4	11.098	G4	10.394
A5	10.112	D5	11.161	G5	10.277
A6	10.113	D6	10.699	G6	10.146
A7	10.089	D7	10.294	G7	10.142
B1	10.151	E1	10.411		
B2	10.431	E2	10.952		
B3	10.476	E3	11.099		
B4	10.458	E4	11.180		
B5	10.349	E5	11.129		
B6	10.331	E6	10.872		
B7	10.157	E7	10.368		
C3	10.887	F3	11.113	地盤高	A4
C4	10.846	F4	11.198	のMIN	10.027
C5	10.675	F5	11.099	高低差	F4－A4
C6	10.339	F6	10.793		1.171
C7	10.090	F7	10.384		

キャンパス内や校舎の周辺で行う実習では高低の大きい土地がないこともある。ここでは10cm間隔の等高線を描く。

(5) 土量計算

点高法（長方形に区分した場合）によって以下の手順で土量を計算する。

① 土量計算に用いる式

$$V = S/4(\Sigma h_1 + 2\Sigma h_2 + 3\Sigma h_3 + 4\Sigma h_4) \qquad S：1個の長方形の面積$$

② 全土量V

種　別	個　数	倍　数	Σ	小　計
Σh_1	4	1	40.699	40.699
$2\Sigma h_2$	20	2	204.773	409.546
$3\Sigma h_3$	該当なし	3	0	
$4\Sigma h_4$	25	4	270.800	1083.200
計				1533.445

　1ブロックの面積　$S = 2m × 3m = 6m^2$
　V（全土量）$= 6/4 × 1533.445 = 2300.1675 m^3$

③ 平均地ならし高さH

測量範囲内の全ブロック数は36個あるので、
全面積 $= 6m^2 × 36 = 216m^2$
H（平均地ならし高さ）＝（土量）÷（全面積）
　　　　　　　　　$= 2300.1675 m^3 ÷ 216 m^2$
　　　　　　　　　$= 10.6489 = 10.649 m$

④ まとめ

測量範囲内の全土量：$V = 2300.1675 m^3$
平均地ならし高さ：$H = 10.649 m$

5.5 水準測量の実習事例

(6) 座標点法を用いた等高線の成果図

各辺を通過する等高線を交点の地盤高より比例計算によって求め、滑らかな線で結ぶと下図のような形になる。

等高線間隔 ： 0.1m、等高線 ： 10.1m〜11.1m

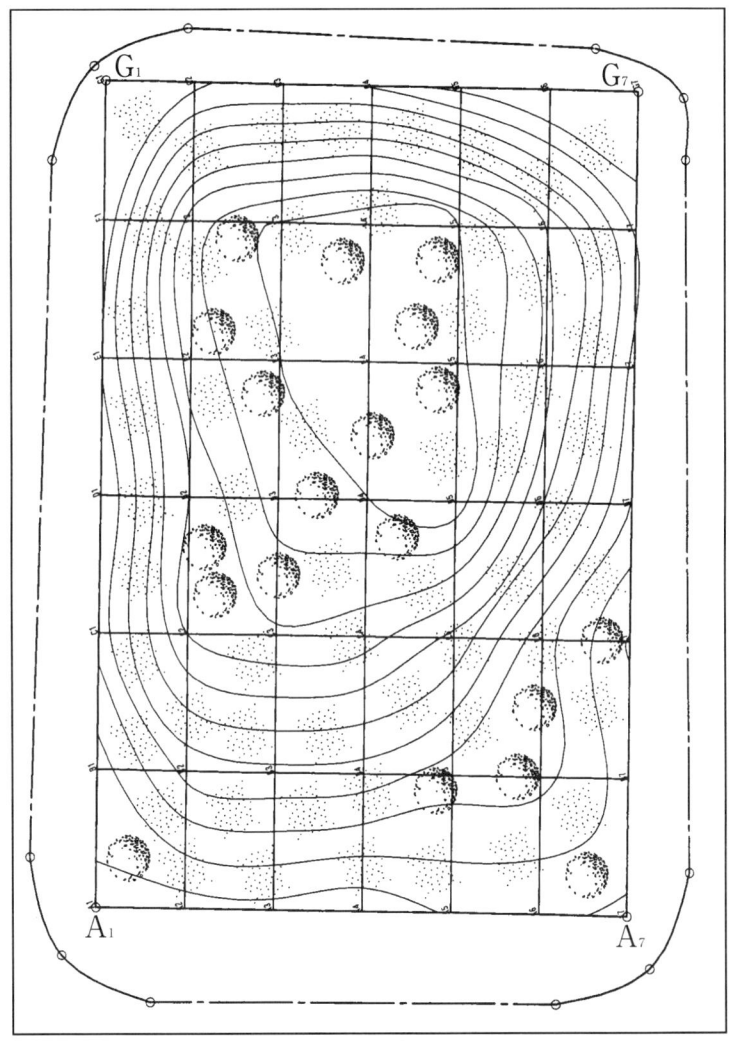

図-5.14 等高線図の例

第6章 平板測量

●学習のポイント

第6章では、平板測量における以下の内容について学習する。
① 平板測量で用いられる器具の名称と利用方法
② 平板測量で行われる準備作業の内容と実際
③ 平板を測点に正しくすえつける方法と実際
④ 細部測量に必要な測点を平板上に増設する方法とその意味
⑤ 平板上で縮尺1/500の細部測量の実際

6.1 前提条件

平板測量は図-6.1に示すような器具を用いて、平板に貼り付けた図紙に直接、測量した結果を図面にする作業である。すなわち、現地の長さを一定の縮尺によって縮小（これを縮尺化するという）して、現地の形と相似の図面を平板上に再現する。

この際、平板上では図上で正しい位置といくらの誤差が許されるか（図上許容誤差という）が作業の基準となる。従って、使用する器具、測量方法が図の縮尺と密接な関連をもっていることに注意することが大切である。

基準点はあらかじめ細部測量に適した密度に設置され、水平位置と標高が求められていることが条件になる。本章では、平板上の縮尺1/500の細部測量を中心に述べる。

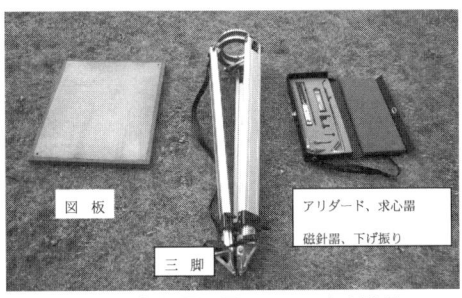

図6.1 平板測量に用いられる主な器具

6.2 器械・器具について

　最近では、電子機器を中心にした新しい測量方法が用いられることが多く、平板測量を実施する機会は少なくなっている。
平板測量で得られる成果の図面は、精度はあまり良くないが、小範囲の工事などで現況の様子を理解するための平面図や地形図の作成時に利用すると便利である。

(1) 図板

ひのき・ほおのきの一枚板または合板でつくられ、その表面はなめらかに仕上げてある。図板の大きさは約40cm×50cmのものが多く用いられる。

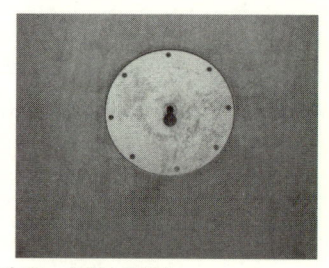

図-6.2 図板（右側：表面　左側：裏面）

(2) 三脚

図板裏の鍵型の穴に、三脚頭部にある図版と接続用のねじの頭を入れ、締め付けて固定する。三脚頭部には写真のように移心装置と整準ねじがあり、まだ整準していない状態で、移心装置附近の固定ねじを締め付けすぎると、整準作業ができない構造になっている。また、整準ねじのかわりに半球式で図板を水平にする三脚もある。

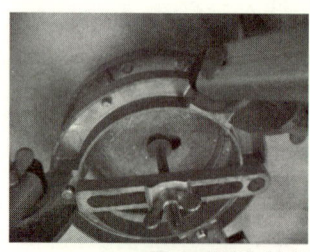

図-6.2 図板（右側：表面　左側：裏面）

6.2 器械・器具について

(3) アリダード
整準と求心が整った図板上で、目標物を視準しその視準線方向を図上に描く器具である。
後視準板にある視準孔より前視準板の視準糸とで、目標物を見通して方向を定め、距離を測定して図の縮尺にあわせ目標物の位置を決める。

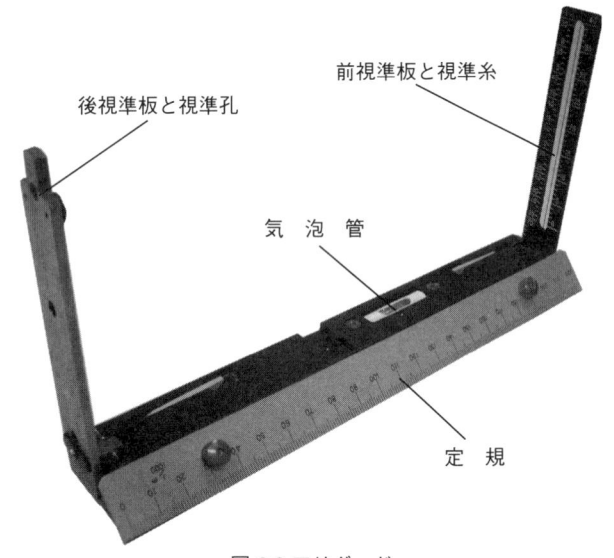

図-6.3 アリダード

(4) 求心器および下げ振り
求心器は、金属製で作られ下側端の切り込みに下げ振りを下げて、地上の測点と図上の点とを鉛直線上に一致させるために用いる。

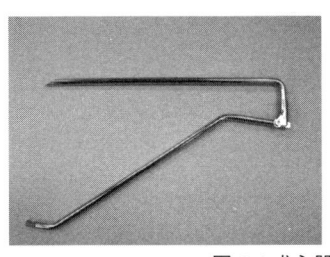

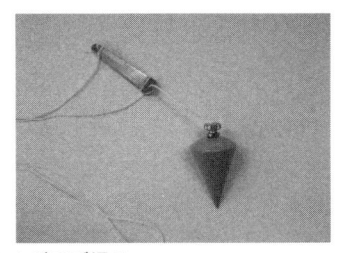

図-6.4 求心器および下げ振り

(5) 測量針
図上の点に立て、目標を視準する場合にアリダードの定規縁を当てて使用する。したがって、針の径が細いほど誤差は少ない。先端の径は0.1mm以内がよい。

図-6.5 測量針

(6) 磁針箱
磁針器は、長方形のケースの中に磁針があるもので、磁針の先端をケースの中央の印に合致させることで磁北を表す。

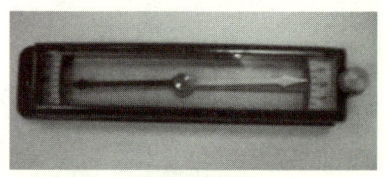

図-6.6 磁針箱

(7) 視準板付きのアリダードの構造上の誤差
① 視準誤差
視準孔の直径と視準糸の太さから視準方向に生ずる誤差である。図上の誤差を0.2mmまで許容範囲とすると、一般に図上に引く方向線の長さは、10cm以下にする必要がある。
② 外心誤差
アリダードの視準線と定規縁に距離（外心距離）があるために生じる誤差である。外心距離を3cmとすると、縮尺による図上の誤差は下表のようになる。図上の誤差を0.2mmまで許容範囲とすると、縮尺が１：２００より小さい場合、外心誤差の影響は考えなくてよい。

表-6.1 アリダートの外心距離が3cmのときの図上誤差

縮　尺	図上誤差（ｍｍ）
１：１０００	０．０３
１：５００	０．０６
１：３００	０．１０
１：２００	０．１５
１：１００	０．３０

6.3 平板測量の一般的な手順

平板で測量するためには、以下に示す求心、整準、定位といわれる3条件を必ず満足させる必要がある。この作業を標定という。

(1) 求心

図上に示された測点が、地上の測点の鉛直線上にあるようにする作業を求心という。

図上誤差を0.2mmとすれば、求心誤差の許容範囲は下表のようになる。

《作業手順》
① 図上の点に測量針を立て、これに求心器の先端を合わせる。
② 求心器に下げ振りをつけて下げ振りの先端が地上点の高さになるよう調整する。

表-6.2 求心誤差の許容範囲

縮　尺	許容誤差（ｃｍ）
1：1000	10
1：500	5
1：300	3
1：200	2
1：100	1

③ 三脚頭部の締め付けねじをゆるめ、移心装置を用いて、下げ振りの先端が地上点の測点にくるように操作する。

(2) 整準

図板を水平にする作業を整準という。

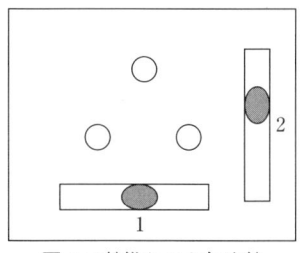

図-6.7 整準ねじと気泡管

① 3個の整準ねじのうち、2個のねじに平行にアリダードをおき、整準ねじを操作して気泡を中央に導く。
② 次にアリダードを1と直角におき、残りひとつの整準ねじを

操作して気泡を中央に導く。
③ ①〜②の操作を繰り返し、全方向で気泡が中央にくるようにする。

(3) 定位

図上測線の方向と地上測線の方向を一致させる作業を定位という。

《作業手順》
① 図上測線に合わせたアリダードの視準線と、一致する地上測線を図板を回転させて正しい方向に合わせる。
　大きく回転させる場合は求心が許容範囲を超えるので、すえつける時から大体の方向に合わせることが必要である。
② 一致したら、視準しながら締め付けねじを締める。

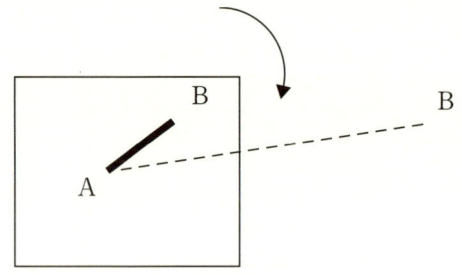

図-6.8 定位

(4) 平板の効率の良いすえつけについて

平板の標定を同時にすることは困難であるので、次の手順で行うと比較的早くすえつけができる。

① 測点にすえつける前に測点近くで三脚を開き、測定するための器具を図板に置く準備をする。
② その時点で、大まかに整準、定位をしておく。
③ 測点に測量針を刺し、アリダードを測定する方向線に一致させておく。
④ 求心器を図上測点に合わせ、三脚を静かに持ち上げ移動させて、地上測点にすえつける。
⑤ その後、整準、求心、定位の順に相互に確認しながら、標定しすえつけを完了させる。

6.4 測点の増設

　既設の測点だけでは、細部測量を行ううえで測点が不足しているとき、平板測量によって測点を増設することがある。
この方法には、導線法・前方交会法・後方交会法などがある。ただし、導線法の場合は、既設点を結ぶ結合トラバースとして、増設点はできるかぎり少なくする。ここでは、導線法について述べる。

1. 導線法

図-**6.9**で、測点Aと測点Bを既知点として2地点S，Tを求める場合、次の方法で行う。

(1) 目標
　　測点の増設の方法を学ぶ。
(2) 使用器具
　　平板測量（1式)、ポール（2)、繊維製巻尺、野帳
(3) 作業手順
　① 測点Aで地上の2地点A、Bと、これに対応する図上の2点を用いて平板を標定する。
　② 測点Sにポールを立て、正しく視準したのち、定規縁にそって方向線を引く。
　③ 測線ASの距離を測定し、定められた縮尺で図上の方向線上に距離をとり、図上の対応点を定める。
　④ 測点Sが見通せるときは視準し、方向線を引きチェック線とする。
　⑤ 平板を測点Sへ移動し標定後、測点Tを視準して、図上の対応点から方向線を引く。

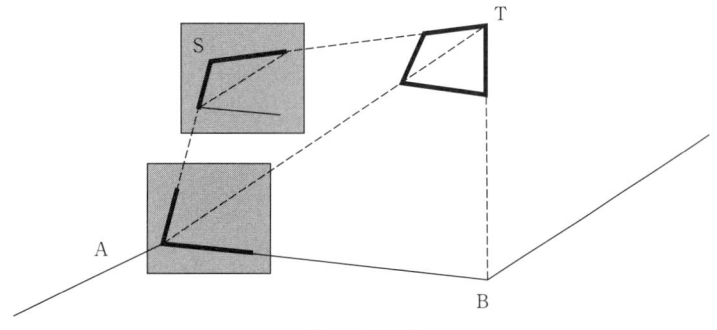

図-6.9 導線法

⑥ 測線STの距離を測定し、定められた縮尺で図上の方向線上に距離をとり、図上の対応点を定める。このとき、図上の対応点がチェック線上にあるか点検する。
⑦ 以下同様な操作を繰り返して、図上の対応点を求める。

以上の測量により、閉合点Bが一致すれば測量の誤差はないが、一致しない場合、その閉合誤差eとして許容誤差$0.3mm\sqrt{n}$以内（n：辺数）であれば、以下のように調整する。

2. 導線法の調整

(1) 目標

導線法の調整方法を学ぶ。

(2) 使用器具

平板測量で描いた図紙、三角スケール、三角定規

(3) 作業手順

① 図-**6.10(b)**のように1直線上に任意の縮尺で各辺の距離をとる。
② 図-**6.10(b)**に閉合差eを垂直にとる。
③ 図-**6.10(b)**の斜辺を結ぶ。
④ 図-**6.10(b)**にy、zをとる。
⑤ 図-**6.10(a)**s、tの各点からbb'に平行に引いた直線上にそれぞれy、zをとる。その点を順次結んだ多角形が調整されたトラバースであり、s、tが決定する。

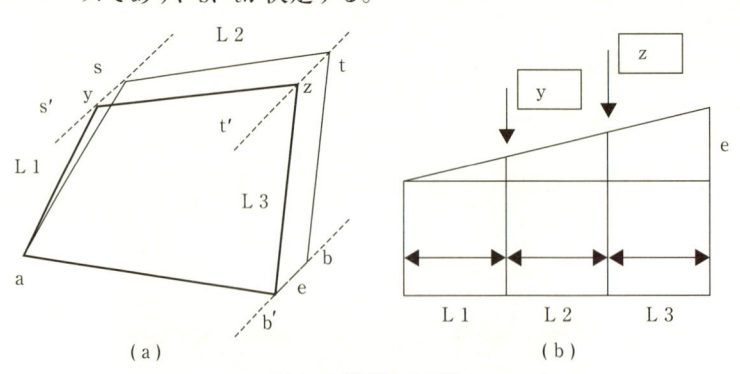

図-**6.10** 導線法の調整

6.5 平板による細部測量

　測点より地形や地物を測定する細部測量の方法には、放射法・前方交会法などがある。ここでは、放射法について学ぶ。
　放射法とは、**図-6.11**に示すように、測点Aにおいて測点M、Pを定位して平板を標定する。次に、測点Aから細部点までの距離と方向を求め、図上の位置を定める方法である。

(1) 目標
　　放射法の方法を学ぶ。
(2) 使用器具
　　平板測量器具一式、ポール、繊維製巻尺、三角スケール、三角定規
(3) 作業手順
　① 測点Aに測点M、Pを定位して平板を標定する。
　② 測点Aから細部点1の方向を視準し、距離を測定して定められた縮尺で図上細部点1'を定める。
　③ 順次、同様の方法で点2、3、4、・・・・・を視準して、図上細部点2'、3'、4'、・・・・・を求めていく。
　④ 求められた点により、地形・地物を製図する。
　⑤ 建物等で直角なものは、2点の位置が求められれば、直接、巻尺で建物を測定し、図面にする。このような方法を家まきという。

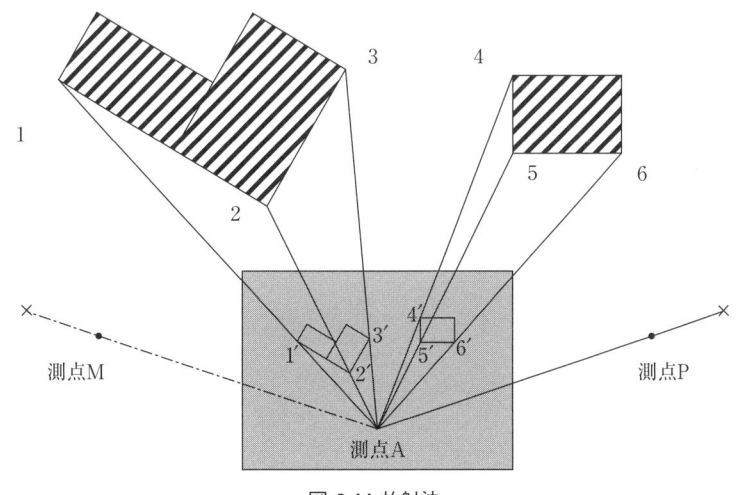

図-6.11 放射法

第7章　基準点測量

●学習のポイント

> 第7章では、基準点測量における以下の内容について学習する。
> ①　GPSの概念および、考え方についてしっかりと理解し、実際に活用するための知識を身に付ける。
> ②　従来の基準点測量はセオドライドを用いた三角測量を実施していた。近年の測量技術の急速な発展により、作業時間の短縮や他の測量と比べて高精度が得られるGPSを用いた基準点測量が主流となってきており、その方法並びに手順を十分に理解するとともに、実践に活用できる技術を身に付ける。
> ③　スタティック測位とリアルタイムキネマティック（RTK）測位の相違点を十分理解した上で、RTK-GPSを用いた実践的な測量の知識と技術を習得し、応用測量に生かしていく。

7.1　GPS測量をはじめるために

1. 目標

GPS測量の概念および、考え方をしっかりと理解し、実際にGPS測量を始める前に必要な基礎知識を身に付けておく。

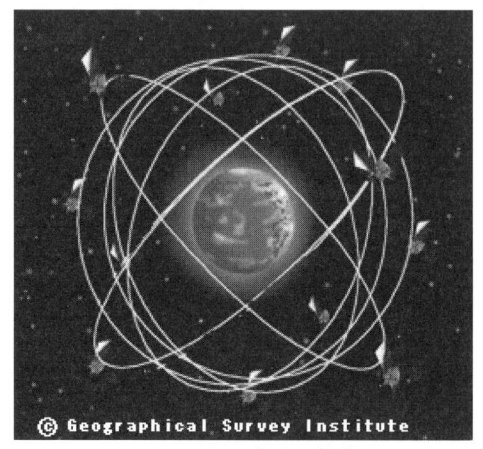

図-7.1 GPS衛星の軌道[1]

2. GPS測量について

　現在、多くの産業分野で利用されているGPSはGlobal Positioning Systemの略語であり、日本語では「汎地球測位システム」と言われているが、一般には、GPSが通用語として用いられている。地上から20,000km以上の宇宙空間にあって、地球を取り巻く6つの軌道上（図-7.1参照）に、それぞれ4個の人工衛星（合計24個の人工衛星）が運用されており、その内の4個の人工衛星（原理的には3つの人工衛星でよい）から地上の位置を正確に求めようとするものである。1970年代の当初から、米国国防省において開発が進められてきたシステムで、1990年代に入って正式に運用が開始された。24個の人工衛星にはそれぞれ非常に精度の高い原子時計が搭載されており、人工衛星から発信される信号の発信時間と受信時間の差を計算することによって位置の特定が行われている。全世界のユーザに対して無料で開放して、運用されている衛星測位システムである。国土地理院では、日本全国約1,200ヶ所に設置し運用している電子基準点を併用したＧＰＳ連続計測システムとして、基準点測量に利用されているほか、地震や火山活動などを監視するための地殻変動観測に利用されている。また、測量以外の一般的な利用方法としては、ナビゲーション（自動車、船舶、航空機）などで利用されている。

図-7.2 設置年度の異なる4種類の電子基準点 [1]

　ＧＰＳ測量とは、2台以上の受信機を使い、同時に4個以上の同じＧＰＳ衛星を観測し、三次元（緯度・経度・標高）のデータ解析を行う測量であり、スタティック測位とリアルタイムキネマティック測量の2つに大別できる。前者は基準点測量、後者は応用測量に用いられている。

7.1 GPS測量をはじめるために

(1) スタティック測位（図-**7.3**参照）
① GPSのアンテナを三脚に固定し長時間測定する方法である。
② 長距離（数km〜数10km）を精度良く測定するのに適している。
③ 見通しが効かない場所でも、測定ができるので、山越えをする測定ができる。
④ 未知点の三次元座標が一度に求めることができる。

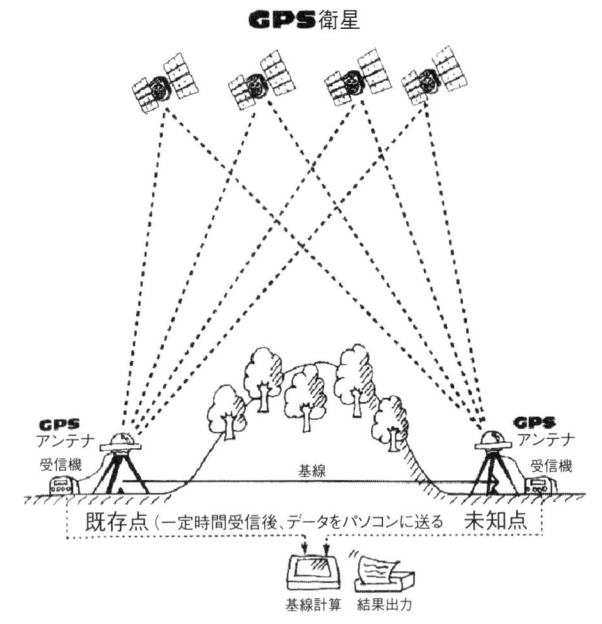

図-**7.3** スタティック測位 [2)]

(2) リアルタイムキネマティック測位（RTK測位、図-**7.4**参照）
① GPSアンテナを移動しながらリアルタイムで、その位置を高精度に測定する方法である。また、大規模な建設現場では車載用の移動局が使用されてる。
② 移動局の三次元座標を一度に求めることができる。
③ 1秒〜5秒毎に連続して、何度も計測できる。
④ 比較的精度のよいデータが得られる。

第7章　基準点測量

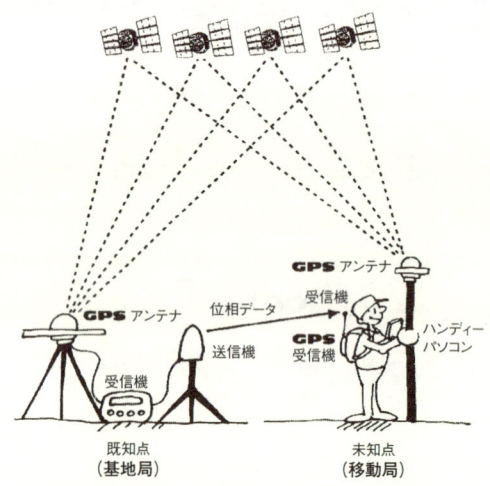

図-7.4 リアルタイムキネマティック測位 [2]

3．ＧＰＳ測量の観測条件

GPS測量はGPS衛星からの電波を受信できるGPSアンテナがあれば、どこでも可能というわけではない。GPSの観測条件を以下に整理する。

① 上空の視界が確保できていること。仰角15°以上に障害物がない場所、もし障害物があれば、2m～6mのアンテナタワーを立てて、視界を確保する必要がある。

また、こうした欠点を補うために、現在、日本ではＧＰＳ衛星を補助する衛星として準天頂衛星の開発が行われている。

図7.5 アンテナタワーの設置事例

7.2 GPS測量における観測計画

② 高圧線や電波塔などの付近は電波の障害を受ける可能性が高いので、実習場所として適当ではない。
③ GPS衛星からの電波は昼夜に関係なく、24時間受信可能である。
④ 4個以上のGPS衛星から電波の受信ができること。（水中、地中、深い森の中等では使用できない。）

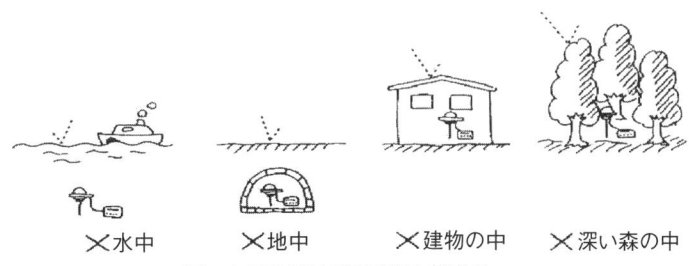

図-7.6 GPS測量が不可能な箇所 [2]

7.2 GPS測量における観測計画

1. 目標
　基準点測量をはじめる前に、観測対象地域に対して踏査・選点を行い、基準点を設置するとともに、GPS衛星からの位置情報である航法データを取得し、詳細な観測計画を立てる作業内容を習得する。

2. 使用器具
　① トランシットコンパス
　② GPS受信機
　③ GPSアンテナ
　④ 三脚

3. 基本動作
　トランシットコンパスを用いて観測対象地域の踏査・選点を行い、GPS測量が可能な基準点を設置する。次に航法データを取得するためにGPS観測を行い、予め観測計画を立てて最適な観測日時を決定する。

4. 実習
(1) GPS測量では、人工衛星との見通しのよい場所、すなわち天空方向に障害物が少ないことが最も重要です。トランシットコンパスを用いて、図-7.8に示すように、仰角１５°以上に障害物が少ない場所を確認して、踏査・選点を行いながら基準点を設置する。また、高圧線や電波塔の近くは、GPSの受信障害を起こす可能性があるので、実習場所としてはできるだけ避けるようにする。

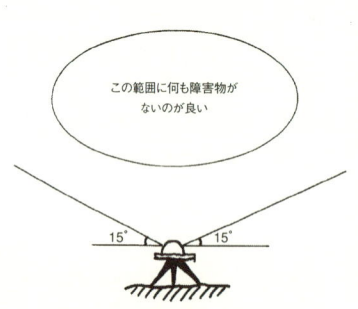

図-7.7 GPS衛星からの受信範囲[2]　　図-7.8 トランシットコンパスを用いた基準点の選定作業

7.2 GPS測量における観測計画

(2) スタティック測位における一連の観測をセッションといい、セッション計画を立てながら基準点を設置し、図-7.9のようにできるだけ正三角形や正四角形になるような測量（基準点）網を作る。
ただし、形の良い測量網を作るために、設置予定の基準点がどうしても仰角１５°以上に多くの障害物があれば、２ｍ〜６ｍのアンテナタワーを立てて、視界を確保して行う。

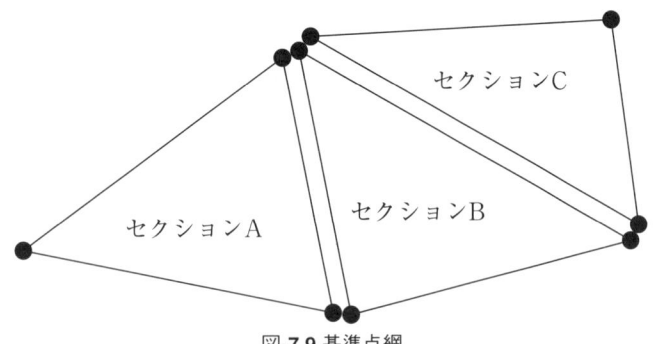

図-7.9 基準点網

(3) ＧＰＳ衛星は地球を取り巻く４つの軌道上をそれぞれ６つのＧＰＳ衛星が周回しているため、同じ地点であっても時間帯によって、観測できるＧＰＳ衛星の数が変わってくる。したがって最も観測条件がよい時間帯をあらかじめ把握するために観測計画を行う。

(4) 設置した基準点上に三脚およびGPSアンテナを用いて、据え付け（整準・求心）を行い、ケーブルをGPS受信機につなげて観測準備を行う。

(5) 観測準備終了後、ＧＰＳ衛星の軌道情報を収集し観測計画を立てるために、GPS受信機を用いて、実際に受信・記録して機器の稼働状況を確認する。

図-7.10 GPS衛星からの受信

第7章　基準点測量

(6)　ＧＰＳ解析ソフトを用いて、あらかじめ受信・記録したGPS衛星からの位置情報である航法データを読み込み、実際に観測する予定日と時間帯を入力し、各観測条件（天球図・時間帯別衛星一覧・観測適正時刻等）の表示・確認しながら、観測計画を立てる。

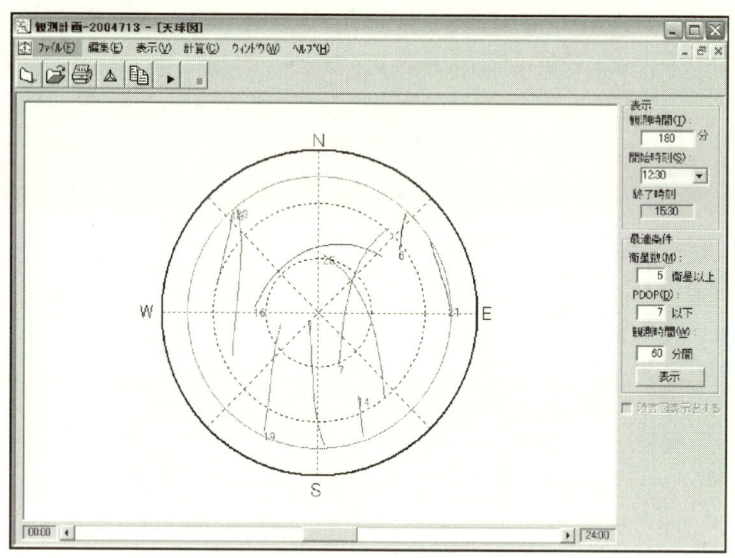

図-7.11 天球図（衛星の移動軌跡）

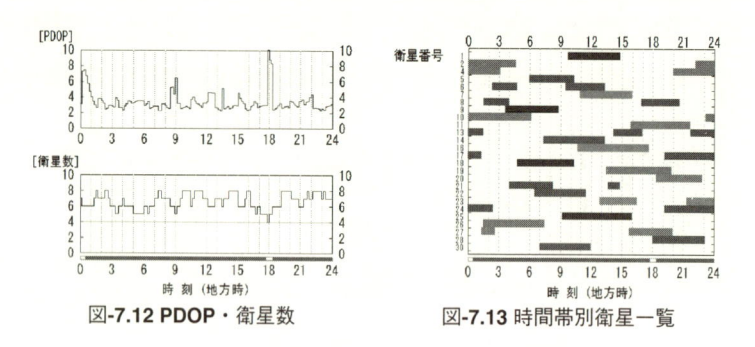

図-7.12 PDOP・衛星数　　　図-7.13 時間帯別衛星一覧

(7)　仰角１５°以上に障害物があるときは、障害物の方位と高度（俯角）を入力し、改めて、各観測条件の表示を行い、最適な観測計画を立てていく。

7.3 スタティック測位における基準点測量（観測）

1. 目標
前節で作成した観測計画を基に、基準点にGPSアンテナと三脚を正確に据え付け、GPS観測を確実に実行する。

2. 使用器具
① GPS受信機
② GPSアンテナ
③ 三脚
④ GPS測量観測記録簿
⑤ 巻尺

3. 基本動作
測定する基準点の数と測定期間から使用するGPS受信機一式の台数を決定し、スタティック測位を行う。通常は3～4台で観測することが多い。

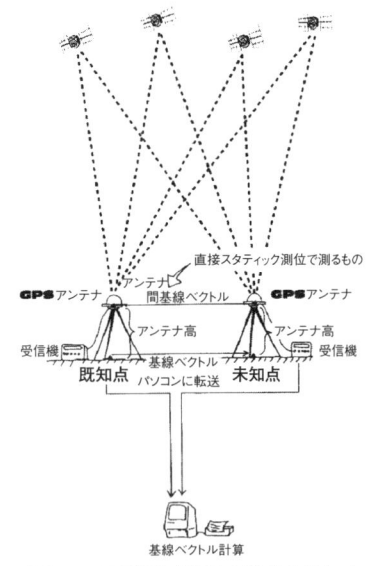

図-7.14 天球図（衛星の移動軌跡）[2]

4. 実習
(1) 各測点に三脚およびGPSアンテナを用いて、確実に据え付け（整準・求心）を行い、ケーブルをGPS受信機につなげて観測準備を行う。

(2) 気温・湿度・気圧・アンテナ高さ（巻尺で測定点からアンテナの中心までの距離）を測定し、表7.1のGPS測量観測記録簿にその他の必要な項目と共に記入する。さらに、GPS受信機の電源を入れて、測定条件を設定し、アンテナ高さ等を入力する。

表-7.1 GPS観測記録簿

GPS観測記録簿			
観測年月日	18年 8月 30日	セッション番号	242
受信機の種類	POWER GPS R310	受信機番号	1960
アンテナ番号	2x02	観測点名	G0015
測点ID	G0015	アンテナ高測定値	3.79
観測状況	☑三脚 □タワー	観測場所	☑地上 □屋上
天候	☑晴 □曇 □雨 □雪	電波種類	☑一周波 □二周波
気温	29 ℃	湿度	45 ％
気圧	998 hPa	観測開始時刻	12時 49分
観測終了時刻	14時 22分	観測時間	時 分

第7章　基準点測量

(3) 無線等で各測点の担当者に連絡を取り合い、GPS受信機の測定準備が完了したら、一斉にＧＰＳ観測を開始する。

　注１）観測開始時刻は、必ずGPS観測記録簿に記入すること！

(4) ３～５分待って、観測できているＧＰＳ衛星の個数を確認（各測点で同じＧＰＳ衛星を最低４個以上観測しているか確認する。）、エポック数の確認（測定間隔のことで、通常は３０秒に一度、音がなってエポック数が増えていく。）をしながら、観測を続ける。

図-7.15 スタティック測位

図-7.16 2mのアンテナタワーを設置したスタティック測位

(5) 観測中は各測点の担当者と連絡を取り合い、ＧＰＳ衛星、エポック数の確認をしながら、十分な観測時間（標準で６０分）を確認した後、観測を終了する。

　注２）観測の終了も無線等で連絡を取り合い、一斉に終了すること！

(6) GPS測量観測記録簿に観測終了時刻を記入し、三脚およびGPSアンテナ、GPS受信機等の観測器械を丁寧に片付ける。

7.4 スタティック測位における基準点測量（解析）

1. 目標
GPS観測によって取得した観測データをGPS専用の解析ソフトを用いて、手順通りに解析操作を行い、基準点として使用できるかどうか確認する。

2. 使用器具
① GPS受信機および、メモリーカード
② パソコン
③ GPS専用の解析ソフト
④ 観測で使用したGPS測量観測記録簿

3. 基本動作
スタティック測位による観測データをパソコンに読み込み、基線解析および点検計算を行い、実際に基準点として用いるデータかどうか確認する。次に測点登録し、三次元網平均計算基準点網を当てはめて結果の良否を判定する。最後に帳票および図面を作成し、GPS観測手簿を完成させる。

4. 実習
(1) パソコンのGPS専用の解析ソフトを起動し、GPS受信機及びメモリーカードから観測データを読み込み、観測データの編集を行う。
(2) 基線解析として、同じ時間帯に観測したセッション（図**7.9**参照）ごとに既知点となっている座標および緯度・軽度・標高を入れて、基線ベクトルの計算を行い、基線解析の結果を評価する。

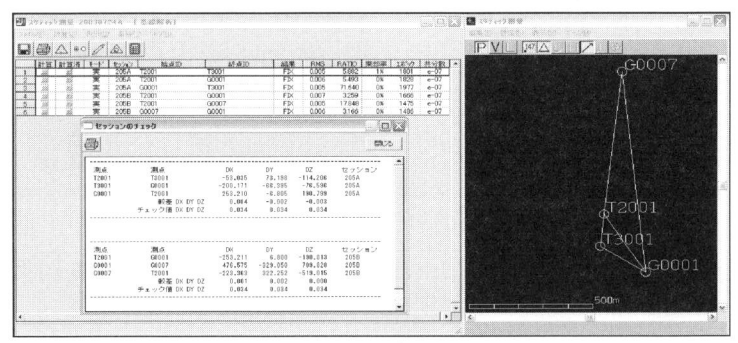

図-7.17 基線解析

(3) 三次元ベクトルの閉合差の点検には、同一セッション以外の異なるセッションのベクトルを用いて、閉合差のチェックを行うことによって、点検計算を行う。

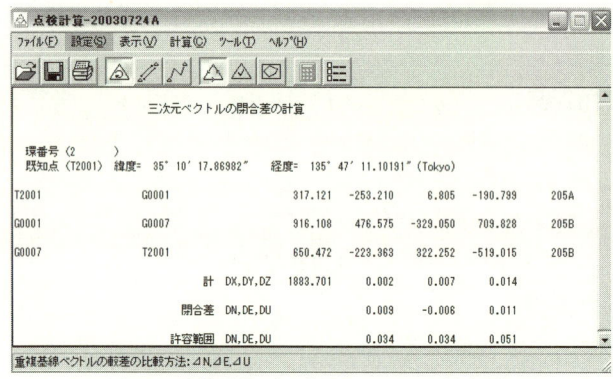

図-7.18 点検計算（三次元ベクトルの併合差）

(4) 基準点として用いる各測点の測点登録を行う。
(5) 測点三次元網平均計算としては、まず、１点固定の仮定網平均計算を行った後、観測自体の良否を判定する。また、この結果から作成される水平変動ベクトルによって、既知点の妥当性を推定する。

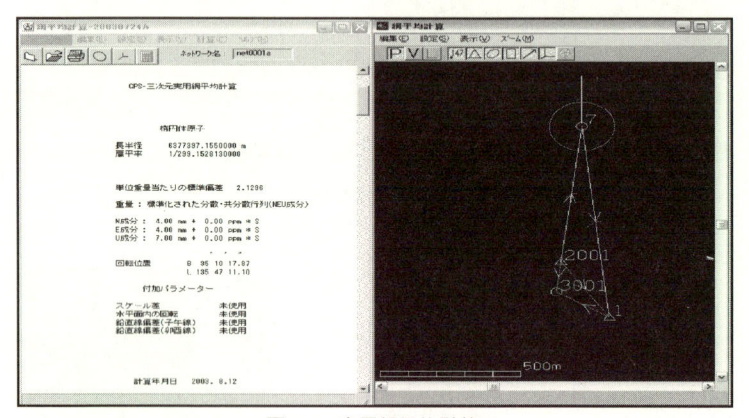

図-7.19 実用網平均計算

(6) 次の実用網平均計算においては、既知点にＧＰＳで観測した基準点網を当てはめて良否を判定する。
(7) 最後に、GPS専用の解析ソフトに装備されている帳票及び図面作成機能を使用して、ＧＰＳ観測手簿等を作成する。

7.5 RTK-GPSを用いた応用測量

1. 目標
GPS測量の一つであるRTK-GPS測量の考え方を理解し、実際にRTK-GPSを用いて応用測量を行い、実践的な知識と技術を身につける。

2. RTK-GPSについて
RTK（リアルタイムキネマティック）-GPSは、GPSアンテナを移動しながらリアルタイムで、任意の位置を高精度に測定する方法である。移動局の三次元座標を一度に求めることができ、1秒～5秒毎に連続して計測できる。

3. 使用器具
① GPS受信機
② GPSアンテナ
③ 三脚
④ GPS用ポール
⑤ 特定小電力用無線
⑥ 通信送信機
⑦ 通信アンテナ
⑧ 通信受信機
⑨ バッテリー
⑩ 表示・記録用ハンディパソコン
⑪ GPS測量観測記録簿
⑫ 各種ケーブル
⑬ 巻尺

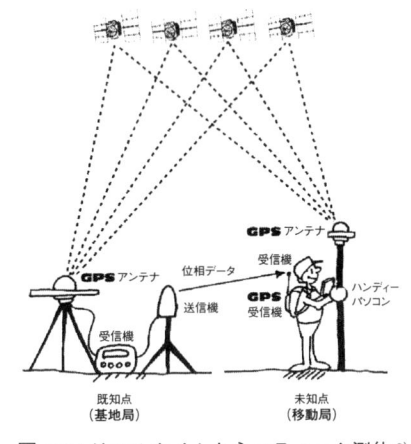

図-7.20 リアルタイムキネマティック測位[2]

4. 基本動作
観測条件は通常のGPS測量と同じである。詳細な観測計画を立てた後、三次元座標を持っている基準点に基地局を置き、移動局（人が移動していく場合と自動車で移動する場合がある。）のGPSアンテナを用いて、リアルタイムキネマティック測位によって観測を行う。ただし、使用機器が非常に多いので、チェックリストを作って確認することが大切である。

5. 実習

　基準局の設置に際しては以下に示す(1)～(6)の手順に沿って行う。
(1)　基準点に三脚とGPSアンテナを確実に据え付け（整準・求心）、以下に示すように、ケーブルを各機器に接続し、「基準局のシステム」を設置する。
　　（a）ＧＰＳアンテナ～ＧＰＳ受信機
　　（b）ＧＰＳ受信機～通信送信機
　　（c）通信送信機～送信アンテナ
　　（d）通信送信機～バッテリー

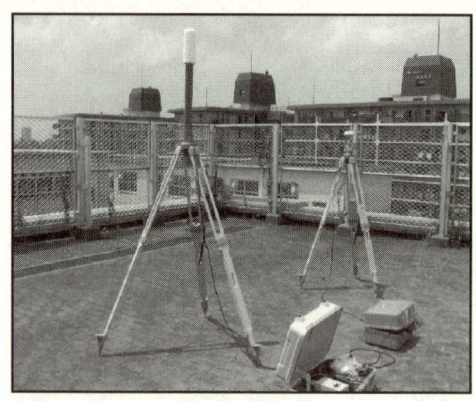

図-7.21 基準局

(2)　ＧＰＳ受信機の電源を入れて、ＲＴＫ－ＧＰＳを基準局モードにする。次に、通信送信機の電源を入れる。ＧＰＳアンテナの中心位置が基準局位置として送信される状態になる。
移動局の設置として…
(3)　以下に列挙する通りにケーブルを各機器に接続し、「移動局のシステム」を設置する。
　　（e）ＧＰＳアンテナ～ＧＰＳ受信機
　　（f）ＧＰＳ受信機～ハンディパソコン
　　（g）ＧＰＳ受信機～通信受信機
　　（h）通信受信機～バッテリー
(4)　ＧＰＳ受信機の電源を入れてＲＴＫ－ＧＰＳの移動局モードに設置する。さらに通信受信機の電源を入れて、基準局から送られてくる基準点座標をアクセプトする。

7.5 RTK-GPSを用いた応用測量

図-7.22 移動局

(5) 次にハンディパソコンの電源を入れて、座標番号や基準点座標、アンテナポール高などを入力し、RTK-GPS測位観測を開始する。

(6) ハンディパソコンの操作手順に従い、三位次元座標の計測・読み取り・メモリーへの記録を行う。ハンディパソコンの画面を見ながら、1秒～5秒毎に連続して計測できるので、下記のような応用測量を実施していくことができる。

- ・測点の座標測定　　　→　地形測量
- ・測線の連続座標測定　→　平板測量、横断測量
- ・目標点の新設　　　　→　座標点設置測量

具体的な事例として、大規模な土地造成工事などにおいて、工事の進捗状況によって刻々と変化する現地盤の状況や変化の形状などを把握するためにRTK-GPSを用いた縦横断測量が行われている。すなわち、**図-7.23**に示すように、記録用パソコンを用いて、中心線と横断線を設定し、観測者はパソコン画面を見ながら中心杭を設置する。次に、各横断線上にも現在位置がくるようにGPSアンテナを動かし、中心線と横断線との交点および横断線上の地形変化点を観測していく。

第7章　基準点測量

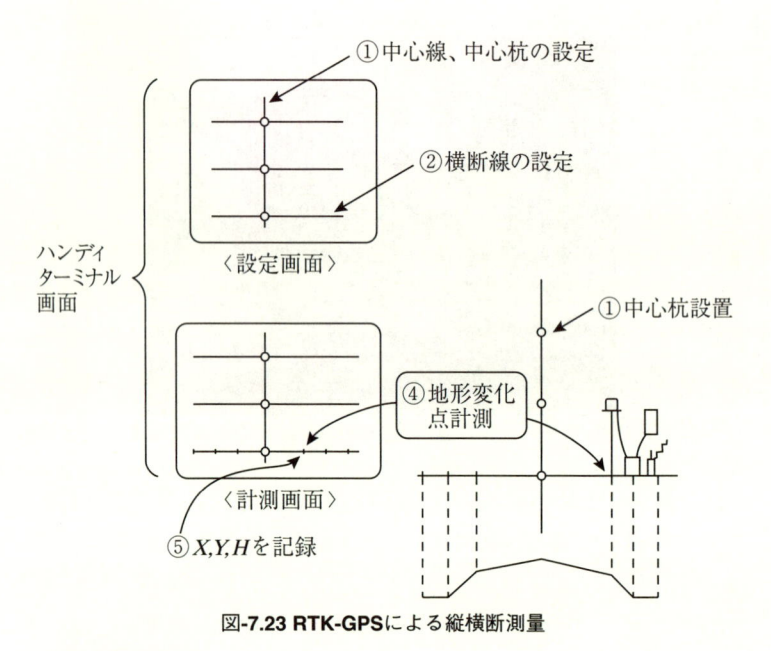

図-7.23 RTK-GPSによる縦横断測量

参考文献

1）国土地理院ホームページ
2）佐田達典：実務者のためのGPS測量、日本測量協会、1995年6月

［関連技術］ＧＩＳ（地理情報システム）について

●学習のポイント

> 関連技術では以下の項目について学習する。
> ① 実用化に向けて急速に普及しているGISの基本的な概念および考え方について理解する。
> ② GISがGPSやTSなどの測量技術と深い関連があることを理解するとともに、GISを実践で活用できる基本的な技術や知識を身に付ける。

1．目標
　今、なぜＧＩＳが必要かを理解するとともに、ＧＩＳの基本的な概念および考え方について学び、実際に活用するための基礎知識を身に付ける。

2．ＧＩＳについて
　ＧＩＳはGeographical Information Systemの頭文字をとった略語で、日本語では「地理情報システム」と呼ばれており、地形の形状や、位置に関する情報を持ったデータ（空間データ）を総合的に管理・加工し、視覚的に表示しながら、高度な分析や迅速な判断を支援することのできる様々な主題図を作成する技術である。一般に、ＧＩＳという表記が使われることが多い。最近の地理情報は２次元情報から３次元情報に大きく変化しており、近い将来、３次元GISが主流になる勢いである。

　つまり、ＧＩＳとは次ページのＧＩＳイメージに示すようにデジタル化された地図と文字情報や画像などのデジタル化されたデータベースをリンクさせ、コンピュータ上に再現し、位置や場所から様々な情報を分析したり、分かりやすく地図を表現することができるシステムである。

[関連技術] GIS（地理情報システム）について

　GISのはじまりは、１９６０年代から１９７０年代のはじめにかけて、コンピュータの性能上の制約や大量の地理データを処理することの必要性、地図のデジタル化によるコスト増大への対応、等のニーズによって、アメリカやカナダで開発された技術である。

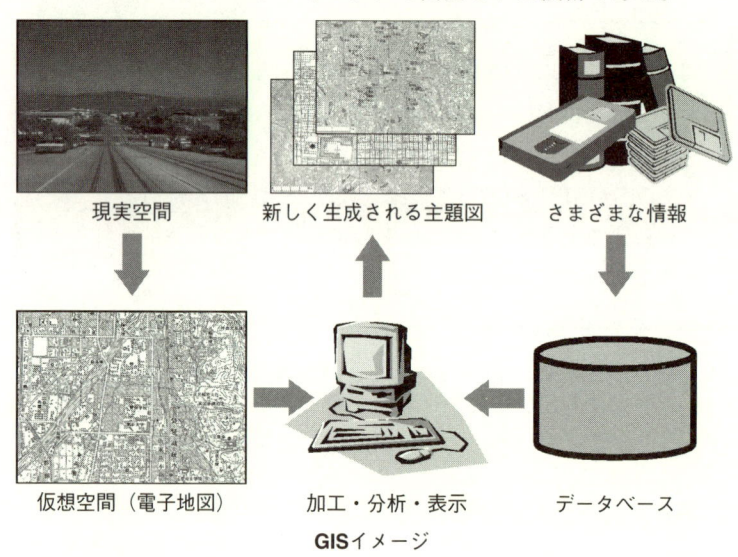

現実空間　　新しく生成される主題図　　さまざまな情報

仮想空間（電子地図）　　加工・分析・表示　　データベース

GISイメージ

　日本では、１９９５年1月の阪神・淡路大震災の反省等をきっかけに、GISの必要性が高まり、本格的な取組が始まって急速に普及するようになってきた。近年、ｅ－Ｊａｐａｎ計画の中で、GISアクションプログラムとして、豊かな国民生活を実現するため、GISに関する総合的な国家政策がGIS関係省庁連絡会議から発表された結果、地方自治体をはじめ民間企業においても新たな整備・普及が急速に進んでいる。

3. GISの構造図

　GISの構造図に示すように、各種の図面や地形図がディジタル化され、電子地図化されることによって、必要な複数の情報が地理データの上にオーバーラップして使用することが可能となる。また、様々なデータを各種別にデータベース化をおこない、GISソフトを用いて、電子地図とデータベースをリンクさせて、構築していくことができる。

［関連技術］GIS（地理情報システム）について

電子地図のレイヤ構造

- 区画整理
- 上下水道
- 固定資産
- 家屋図
- 地籍図・地番図

基図データ

各種データベース

- 固定資産管理情報
- 防災情報管理
- 環境情報管理
- 都市計画
- 上下水道管理情報
- 道路管理情報
- 河川管理情報
- 農地管理情報
- 基準点管理情報
- 地籍管理情報
- 土木建設
- その他

GI　電子地図　データリンク　データベース

GISの構造図

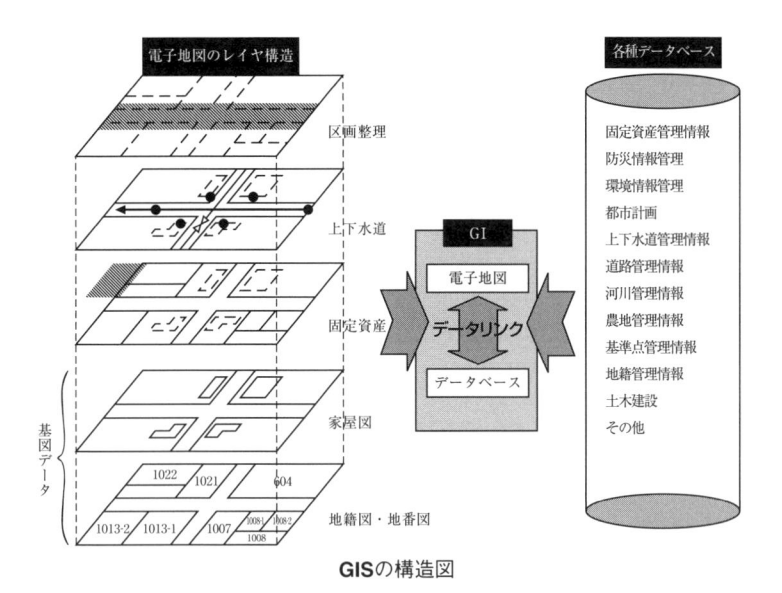

［関連技術］ＧＩＳ（地理情報システム）について

4．ＧＩＳにおけるイメージ図

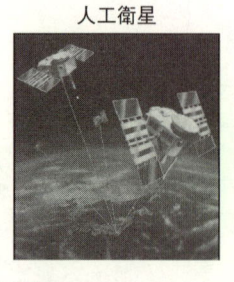

GPS　　　　**人工衛星**　　　　**RTK-GPS**

ＲＴＫ－ＧＰＳや電子平板、ＧＰＳ、ＴＳを使用して測量を行い、高精度な位置データの取得収集し、地図データに取り入れる。

国土地理院が発行している各種の数値地図や各自治体の都市計画図をスキャナー等で取り込み、加工・編集作業を行い、電子地図データとして作成する。

データベース構築に必要な様々な情報や写真をフィールドワークや資料にて収集する。

［関連技術］ＧＩＳ（地理情報システム）について

↓

国や地方自治体、専門の企業、大学等の産官学の連携を積極的に実施し、構築していくために必要な情報提供や研究調査・分析方法を助言してもらいながら、データベースを作成する。

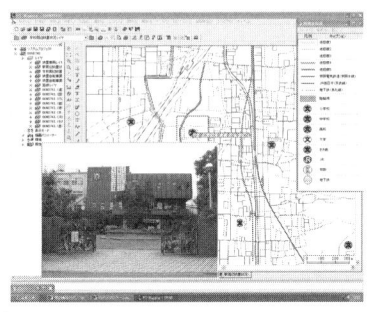

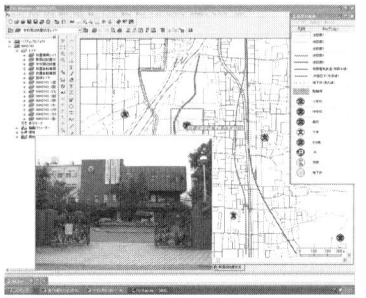

↓

電子地図データとデータベースをリンクさせ、構築したデータをパソコンの画面上で加工・分析・表示する。

↓

構築したデータをプロッターやプリンターを用いてプリントアウトし、データの分析等をおこなうとともに、ＧＩＳを活用した研究成果を様々な場所で発表、報告を実施していく。

[関連技術] ＧＩＳ（地理情報システム）について

5. ＧＩＳと周辺技術について

　下図のようにＧＩＳは、データベース、ＧＰＳ、リモートセンシング、ＣＡＤ、ＣＧなど、空間データを扱うさまざまな技術の中核になるもので、これらとコンピュータおよび通信技術を組み合わせて利用することにより、高度で幅広い利用が可能になる。

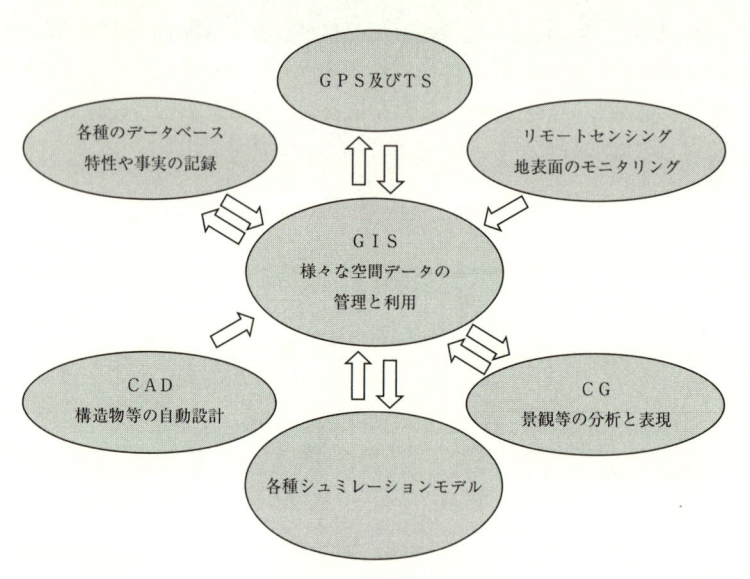

```
           ＧＰＳ及びＴＳ
各種のデータベース            リモートセンシング
特性や事実の記録              地表面のモニタリング
              ＧＩＳ
         様々な空間データの
           管理と利用
    ＣＡＤ                    ＣＧ
  構造物等の自動設計        景観等の分析と表現
         各種シュミレーションモデル
```

GISと周辺技術

　私たちが暮らしている環境が日々変化・進歩するのと同様に、ＧＩＳの周辺技術も大きく変化している。国や自治体、企業における情報化はもちろん、一般家庭への情報化も確実に浸透・普及している。一方で、私達の生活様式を変えてしまうかもしれない通信技術や流通技術の発展も目覚しいものがある。国や自治体、企業そしてすべての人々に有益な情報を、有効にそして円滑に利用するためのツールとなるＧＩＳの活用の基盤が整いつつある。

定価1,540円（本体1,400円＋税10%）

測量実習指導書　2007年版

平成19年3月1日	2007年版・第1刷発行	令和3年2月1日	2007年版・第6刷発行
平成21年1月20日	2007年版・第2刷発行	令和6年1月31日	2007年版・第7刷発行
平成24年1月31日	2007年版・第3刷発行		
平成27年4月15日	2007年版・第4刷発行		
平成31年3月1日	2007年版・第5刷発行		

編集者……公益社団法人　土木学会　出版委員会
　　　　　　測量実習指導書編集小委員会
　　　　　　委員長　大林　成行
発行者……公益社団法人　土木学会　専務理事　三輪　準二
発行所……公益社団法人　土木学会
　　　　　　〒160-0004　東京都新宿区四谷1丁目無番地
　　　　　　TEL　03-3355-3444　FAX　03-5379-2769
　　　　　　https://www.jsce.or.jp/
発売所……丸善出版株式会社
　　　　　　〒101-0051　東京都千代田区神田神保町2-17　神田神保町ビル
　　　　　　TEL　03-3512-3256　FAX　03-3512-3270

©JSCE2007／Publication Committee
ISBN978-4-8106-0575-4
印刷・製本・用紙：日経印刷（株）

・本書の内容を複写または転載する場合には、必ず土木学会の許可を得てください。
・本書の内容に関するご質問は、E-mail（pub@jsce.or.jp）にてご連絡ください。